丛书主编　中国老龄事业发展基金会

好好
保护自己

汪地彻　著

广西师范大学出版社
·桂林·

丛 书 总 序

　　放眼全球，人类社会正经历着前所未有的老龄化进程。《世界人口展望（2019）》报告指出，2019年世界65岁以上老年人口占比为9.1%。这意味着全球总体上已经进入老龄化。根据联合国预测，到2099年，全球192个国家和地区的人口结构都将变成老年型。"银发浪潮"正在深刻改变世界人口结构和原有的生产生活状况。

　　自19世纪60年代法国最早步入老龄化以来，发达国家一直领跑老龄化进程，20世纪六七十年代，发达国家已全部进入老龄化行列。目前我国老龄化程度仍低于发达国家，但明显高于世界平均水平。截至2021年底，我国60岁以上老年人口达2.67亿，占总人口的18.9%；65岁以上人口超过2亿，占总人口的14.2%。14.2%的占比标志着我国已经由轻度老龄化进入中度老龄化阶段。未来15年，我国将进入老龄化急速发展期，预计到2025年，我国60岁以上老年人口将突破3亿，占比超过20%；2035年将突破4亿，占比超过30%，进入重度老龄化阶段。老龄问题涉及政治、经济、文化和社会生活等诸多领域，是关系国计民生和国家长治久安的重大社会问题，对经济运行全领域、社会建设各环节、社会文化多方面乃至国家综合实力和国际竞争力都具有深远影响。

党的十八大以来，以习近平同志为核心的党中央高度重视老龄工作，做出一系列决策部署，统筹推进老龄事业和产业发展。党的十九届五中全会将积极应对人口老龄化确定为国家战略。党的二十大报告指出，要"实施积极应对人口老龄化国家战略，发展养老事业和养老产业，优化孤寡老人服务，推动实现全体老年人享有基本养老服务"。《中共中央 国务院关于加强新时代老龄工作的意见》要求，将老龄事业发展纳入统筹推进"五位一体"总体布局和协调推进"四个全面"战略布局，把积极老龄观、健康老龄化理念融入经济社会发展全过程，加快建立健全相关政策体系和制度框架，大力弘扬中华民族孝亲敬老传统美德，促进老年人养老服务、健康服务、社会保障、社会参与、权益保障等统筹发展，推动老龄事业高质量发展，走出一条中国特色积极应对人口老龄化道路。

　　中国老龄事业发展基金会是国家卫生健康委员会领导下的为老年人服务的全国性慈善组织。其主要任务是：认真贯彻党和国家积极应对人口老龄化的决策部署，弘扬中华民族敬老、爱老、助老的传统美德，争取海内外关心中国老龄事业的团体、人士的支持和帮助，协助政府积极推进中国老年社会福利、医疗卫生、文化体育、老年教育等各项事业的发展，维护老年人合法权益，帮天下儿女尽孝，替世上父母解难，为党和政府分忧。

　　为践行积极老龄观、健康老龄化理念，贯彻落实党和国家关于促进老年人社会参与，扩大老年教育资源供给，将老年教育纳入终身教育体系，构建老年友好型社会等精神，满足老年人越来越多的阅读需求，中国老龄事业发展基金会与广西师范大学出版社联合打造了这套《50岁开始的"你好人生"》丛书，旨在为更多的老年朋友营造书香生活氛围，提供实用有效的老年生活指南。本丛书以50岁以上人士为主要阅读对象，针对老年人日常生活各方面的需求，解决老年人的困惑，丰富老年人的生活，帮助老年人适应变化迅速的现代社会，让老年生活更为方便、多彩、有价值。

　　2022年首届全民阅读大会增设了"银龄阅读分论坛"，论坛指出，老年阅读是全民阅读的重要组成部分，是需要全社会重视、关心和引导的重要领域。满足老年人多样化、个性化的阅读，打造更多可读性、针对性、实用性强的出版物，中国老龄事业发展基金会愿为"书香银龄"的目标贡献绵薄之力。

中国老龄事业发展基金会

于建伟

前　言

　　随着国民平均寿命的延长和生活水平的提高，人口老龄化将成为一个普遍的社会现象。随着改革开放后第一批接受过高等教育的人群进入老年，老年人在精神文化生活方面的需求亟待解决。"老有所读"是"老有所养"的一个重要方面，是对老年精神生活的重要慰藉和填充。老年人在退休之后，会有更多的闲暇时间来充实自己的精神生活，有很多人甚至从年轻时就一直保持着阅读的习惯，以便在繁忙的工作中获得精神的放松和愉悦，更新自己的知识体系，活到老学到老。《50岁开始的"你好人生"》丛书，以即将进入和已经进入老年的朋友们为主要读者，针对老年人日常生活各方面的需求，解决老年人精神和生活中的具体困惑，帮助老年人适应变化迅速的现代社会，让老年生活更为方便、多彩，为老年朋友获得老年生活的幸福感出一份力。

《好好保护自己》是写给老年群体的安全之书。老年人面对日常生活中"触手可及"的安全问题应该如何应对以及防患于未然？这就是我们这本书将要回答的问题。书中列举的安全知识涉及居家安全、饮食安全、出行安全、财产安全，以及应对受虐风险、自然灾害的措施，为老年人提供一份可靠的安全常识指南。以专业、翔实的安全知识为基础，通过通俗易懂的文体，为老年人排忧解难，使老年人通过阅读来逐步强化安全意识，自觉夯实自身的安全屏障。

目 录

第一章

老年人居家安全

一、老年人用电安全

（一）老年人日常用电安全隐患

随着科技的发展，人们越来越离不开家用电器。家电给我们的日常生活带来许多便捷，也带来不少安全隐患。

1.火灾。很多家用电器在使用过程中都会产生较高的温度，电炒锅、电饭锅、电气炉、电熨斗，以及一些电加热器具(包括电茶壶、电咖啡壶、电热杯、电热锅、煮奶锅、电压力锅、开水器等)，都可能导致可燃物起火。火灾事故不仅会造成人员伤亡，还伴随着经济损失。

2.触电。就人体触电事件的出现情形而言，大致有两种情形：一是人体直接触及设备带电部位；二是人体直接接触绝缘部位损坏而带电的金属材料外壳和金属材料构架。

3. 机械伤害。电视机、电扇、电冰箱等家用电器，如果电器的稳定性较差、操作部件和易碰部件的构造不合理，就非常容易造成机械伤害事故，如底架不稳、运动元件倾倒、运动元件脱离等，导致老年人磕伤、砸伤等。

4. 有害物质泄漏。家用电器装配的电子元件和使用的原材料非常复杂，部分元件和原材料中含有毒化合物，因此当电子产品出现故障，甚至爆炸或烧毁时，一氧化碳、硫化氢等危险的有害气体就可能挥发，导致老年人中毒。

（二）电器使用安全指南

家用电器与人们的生活密切相关，正确使用家用电器就显得异常重要。从居家安全的角度来说，老年人使用电器时应注意以下几点：

1. 了解电器的使用方法。老年人在使用新家电时，应当仔细查阅家电说明书，并留心其中的注意事项和维修保养的要求。应检查电器（包括插头和软电线）

是否有损坏。应仔细阅读说明书所载的操作程序及安全措施。不识字的老年人，可让家人告知电器的使用方法和注意事项。

2.人走断电。长期通电可能会导致电线短路。老年人如果使用完家电，最好是把开关关掉、插座拔掉，不要怕麻烦。

3.远离潮湿。电源插座一定要放置在避免受潮的地方。使用电饭锅、电磁炉时产生的水蒸气凝结而成的水滴、飞溅的油滴可能会流入插孔，使内部电路损坏短路，老年人在使用上述家电时不宜将其置于插座正下方或顺风位。卫生间的电源插座建议设置在卫生间外面，或者将卫生间干湿分区。卫生间是家里最潮湿的区域，使用家电时最易发生意外，所以电源插座的安放位置变得格外关键。

4.避开易燃易爆物。在为手机、数码照相机、笔记本电脑、剃须刀、电瓶车等设备充电时，切勿将其置于易燃品旁边。因为充电器、充电电池可能会因为品质不过关或充电过程中的电流不平衡而自燃，引发火灾。所以老年人尽可能不要在晚上睡觉时为电器充电，避免把手机等置于床上或沙发上等易燃品附近充电。特别是下半夜的用电低谷期，电压过高，可能会导致充电器烧毁起火，甚至点燃易燃物，引发火灾。

5. 正确设置接地线路。洗衣机、电冰箱、电饭锅、电磁炉、饮水机、电风扇等，都最好设置接地线路。上述家电一般均有接地线插头（三足插头），防止机体（壳）内漏电，以保护用户。有的老年人发现家电的三孔电源插座无法正常使用时，他们就会把电源插头上接地线的柱头拗断，再插入二孔电源插座中使用。殊不知，若家电漏电而无法正常通过接地线入地，就可能会电到用户，轻则伤人，重则危及生命。

6. 找专业人员布线。家里的线路需要重新布置的时候，一定要请专业电工来布线，线路的设置要安全规范、标准合理，防患于未然。

（三）老年人在使用电源插座时应注意什么

在居家生活中，电源插座是必不可少的。但是，小小的电源插座，往往隐藏着巨大的安全风险，会引发触电、火灾等严重事故。老年人在使用电源插座时应注意以下几点：

1.避免用湿手插拔插头。有些老年人在洗手、洗菜或沐浴后，用没有擦干的湿手去插拔电器插头，极易导致触电事故的发生。

2.禁止用手掐着电源线拔出插头。一些老年人为省事，在拔掉电源线时不是拔插头，而是用手扯电源线。使劲扯电源线的次数多了，就会将电源线和插头相连的部位扯断，从而导致家用电器无法正常供电。扯断的部位易引发短路、漏电，甚至导致火灾事故和触电事件。

3.避免超期使用老旧插座。电源插座若使用时间过长，在达到或超过使用寿命后，里面连接插头的铜质元件和外部绝缘部件就会老化，在使用时随时都可能出现插座插头接触不良和外壳带电的情况，会给老年人的人身安全造成危害。因此应该定期摸排、修检插座。

4.检查时若发现插座、插头异常要及时更换。若老年人发现电源插座或插头工作温度过高；或者插头与插座接触不良，发生拉弧、打火现象；或者电源插头过松或过紧，都应当尽快停用或更换。

5. 不得将空调、电磁炉、烤箱等大输出功率的家电插入额定电流值小的电源插座上使用。

6. 谨慎使用多功能电源插座。多个电器都使用同一个多功能电源插座，尤其是有大功率用电器和长时间使用时，电源插座与其电源导线严重超负荷工作，内部热量散发不出去，很容易使插座的绝缘层烧坏融化而引发火灾事故。多功能插座插孔数量太多时，经常发生间距设定不合理，以及精确度不够等问题。而上述问题的出现，会使电路在长时间插拔插头的过程中产生短路，甚至引发触电事故。

（四）如何提高老年人安全用电意识

1. 勤科普。老年人的儿女、亲属等应当定期向老年人介绍家居用电安全基本知识，提高其自身安全防护能力。如果家里的老年人记忆力较差、动作迟钝，老年人在使用操作复杂的家用电器时需要有人照看。

2.定时查。老年人使用的用电设施需要定期检查。老年人不舍得丢弃的陈旧或劣质的家电产品，具有一定安全隐患。所以，对于给老年人使用的家用电器设备，要定期检查保养，若出现安全隐患应及时维修或更换。

3.多整理。老年人家庭中散乱的电线应理顺、固定，让空间既清爽又安全。并且老年人必须使用标准、安全的电源插座，因为劣质插座易渗漏、易烧毁、易短路，使用这样劣质的电源插座无异于在老年人身旁放置了一个定时炸弹。

4.少添置。老年人接受新鲜事物的能力较差，应尽量少给老年人添置操作比较复杂的电器，也要通过各种方式在电器上设置提醒标识。

二、老年人消防安全

（一）引发家庭火灾的原因有哪些

1. 因用火不当而造成火灾。（1）厨房用火不慎。老年人在用燃气灶时，若容器内盛放的汤、水过满，则受热时汤、水会溢出并浇灭明火，而煤气则如常释放，从而引发火灾或爆炸事件。老年人在烹饪时，也会因油锅过热或着火后处理不当而引发火灾。（2）日常生活照明用火处理不当。老年人夏季用蚊香驱蚊，冬季用电暖气取暖，蚊香和电暖气摆放位置不当，不慎引燃可燃物，导致火灾。或在停电时用烛光照明，粗心大意，使蜡烛靠近易燃物而引起火灾。（3）吸烟。一些有抽烟习惯的老年人在家里经常乱丢烟蒂、火柴，导致尚未熄灭的烟蒂和火柴引燃了家里的易燃物。有的老年人酒后或睡觉前躺在床头、沙发上吸烟，烟未灭，人却已睡着，未熄灭的香烟点燃了被褥、沙发，从而引起火灾事故。

2.因用电不慎引起火灾。（1）私拉乱接导致电线短路、接触不良，引起火灾。（2）在同一线路中同时接入或使用了多个大功率的用电装置，造成电气线路超负荷而起火。（3）家用电器通电时间过长，内部温度过高而导致自燃。（4）家电线路受潮，形成漏电打火现象，并由此引发火灾事故。

3.因燃气使用不当而造成火灾事故。（1）对家用燃气具违规操作、使用不当引起火灾，或者不注意对燃气灶具的养护与维修，导致燃气管道破裂或漏气，引起火灾事故。（2）燃气具放置不当引发火灾，如置于通风不良处、靠近火源或可燃物。

（二）老年人使用热水器应注意什么

1.老年人使用电热水器的注意事项。其一，避免烫伤。在用热水器时，要先打开冷水阀门，然后再打开热水阀门，关闭的时候则顺序相反。其二，先注满水再通电。若家里采用的是贮水型电热水器，就要先注满冷水再通电加温，以防止干烧。其三，要防止漏电。在接上电源前要检查一下电源插座和电源线是否状态良好，在接上电源后也要做好漏电自检。沐浴时，注意水不要溅到插座的位置。其四，在无水时要关闭电源。在用热水器的时候，在打开热水阀看到没有水流的时候，一定要及时把电源关掉，不然电热水器在无流动水源的状况下工作，会造成内部加热部件干烧，这样会损坏热水器，甚至引发自燃，导致火灾。

2. 老年人使用燃气热水器的注意事项。其一，保证室内通风。老年人在使用燃气热水器之前，应该检查一下放置热水器的室内窗户以及排风扇是否开启、通气效果是否良好。燃气热水器不要安装在浴室内，不要密封于吊柜内，并应与周围易燃物保持安全间距，更不能将毛巾、抹布等易燃物堵阻于热水器的进、排气口上，以防止起火。其二，防止燃气泄漏。在正常使用时，当进水阀开启后，若热水器内的火没有点燃，而且闻到燃气异味，应立即关掉进水阀，并稍停一下后再打开。若多次操作均无法使热水器点火，就应当关机检查。当燃气热水器发生漏气、漏水、停水后火苗不熄、燃烧状态不好等特殊现象时，也应当关机检查，并尽快告知热水器售后部门上门维修，不得私自拆开检修。其三，经常检修保养。应每半年至一年请燃气公司的专门技术人员对热水器及相连的燃气管道设备进行检测维护，保证燃气热水器性能良好。

（三）老年人怎样安全使用燃气灶具

许多家庭都是由老年人负责做饭，他们使用燃气灶具的频率很高，因此如何安全使用燃气灶具以防止火灾特别重要，尤其对独居老年人来说更要引起重视。

1. 老年人在购买灶具时要选择具有熄火保护功能的产品，同时还要找专门的人员负责装配调试。燃气灶具宜放置于通气良好的环境中，但勿放置于大风可以吹到的地点。

2. 老年人要定期检查连接灶具与燃气管道的胶管和接头有无老化，检查两端接头是否牢固，如果出现松动，要及时拧紧。

3.老年人在使用燃气灶具时应注意点火和关火的顺序。一定要确保火点着后再走开，以防煤气泄漏。在关火时一定要把燃气灶具的开关旋钮关到位。

4.老年人在使用燃气灶具时，要经常仔细观察燃烧情况，若发生黄焰、火焰小或冒黑烟等现象，应调整灶具内的风门调节板，直至产生清晰的蓝色火焰。

5.老年人在使用燃气灶具时，要时时照看，以免溢出的汤、水把炉火浇灭，造成燃气泄漏。要定时清洗灶具火盖上的火孔和炉头，以免阻塞。

6.灶具如果发生泄漏故障，应该立即停止使用，联系灶具的售后维修部门进行修理。

（四）老年人有哪些应急措施应对燃气泄漏

1.当老年人在闻到家里有轻微的煤气或天然气异味时，应立即关掉灶具和管道的截门和阀门，及时开门开窗，使空气对流，降低房间内可燃气体的浓度。切勿走进煤气臭味强烈的房间内，以防煤气中毒。

2.老年人如果发现燃气泄漏，在打开门窗通风的时候，切勿着急打开家电设备，如开灯（无论是拉线式还是按键式）、开排风扇、开抽油烟机或拨打电话（不管是座机还是手机）等。

3. 当燃气管道或燃气灶起火时，只要关闭其阀门，燃烧的火苗就会熄灭。也可以先用湿抹布、小苏打粉或灭火器扑灭火焰，然后迅速关闭灶具开关或阀门。

4. 若发现大量燃气泄漏，老年人要迅速离开房间，并通知邻里疏散，同时拨打 119 报警。

（五）厨房着火时老年人应如何处理

1. 扑救燃气火灾。家中厨房的天然气、煤气或液化石油气如果起火燃烧，但没引燃厨房的其他用具时，老年人切勿惊慌，应该尽快用手中的湿毛巾、灭火器等物品，扑灭气瓶或管道的着火点，并迅速关掉燃气阀门，切断气路，然后立即消除余火。

2. 扑救油锅起火。许多火灾是因老年人做饭时油锅起火处置不当造成的。如发现油锅内着火，老年人应立即关闭燃气阀门，然后用锅盖或手边的湿抹布覆盖住着火的油锅，盖时不要留有缝隙。手边有切好的菜或其他食材时，就可以直接顺着锅边倒入，并利用温度差使锅内油温急剧降低。但必须特别提示的是，油锅内着火时千万不能直接使用水灭火，因为冷水与高热的油会导致"炸锅"，使油和火星四处飞溅，扩大厨房的着火面积。

3.扑救厨房电器火灾。老年人如发现厨房电器起火，要在第一时间关闭室内电源总闸，并随即用灭火器扑救，若无消防灭火器也可以用湿棉被等覆盖材料盖住着火的电器，隔绝空气灭火。在尚未关闭电源总闸之前，切忌直接用水浇淋着火的厨房电器，以免发生触电事故。

（六）家电及线路起火时老年人应当怎样扑救

1.切断家里的电源。当家用电器起火时，老年人宜选择断电灭火的方式。要注意千万不要先用水灭火。因为着火的电器通常是带电的，而且泼上去的自来水也是能导电的，所以用水灭火很可能会让人触电，同时还达不到灭火的目的，因此损失会更加严重。如果家用电器起火，只有在确定供电线已被断开的情况下，才能够直接用水来灭火。

2.使用灭火器灭火。在不能确定电源是否切断的情况下，老年人可用灭火器扑救。

3.切勿向着火的电视机和电脑泼水。因为冷水会导致温度骤然下降，会使炽热的显像管和屏幕迅速发生爆炸。另外，由于电视机和电脑内部仍含有残余的输出电压，所以泼水也可能造成触电。因此灭火时，若要避免电视机和电脑的爆炸伤害，不要从正面靠近它们，应该从侧面或背后靠近，再实施灭火。

4.立即拨打110或119电话。在火势不能控制的情况下，老年人应撤出房间，然后拨打求助电话。

（七）发生家庭火灾时老年人如何逃生

如果发生家庭火灾，老年人应掌握以下自救逃生方法，以避免伤亡，尤其是独居老年人更要重视。

1.迅速判断火情。如果是在家里着火，老年人应立即撤离。如果着火地点在自家门外，可用手先试一下房门和门把手有无灼热感。若不觉得发热，用身体和双脚抵住房门，并谨慎地将房门打开一个缝隙，以察看门外火情。若浓烟弥漫，觉得热气已从门缝逼入，灼热难耐，或用手指伸到门外上方觉得热气很大，应立即关闭房门，迅速朝房门泼水，并且用湿棉被、湿毛毯等物封堵房门缝隙，以阻挡大火扩散进家。如触摸房门感觉不热，则说明火势不大，应该迅速撤离房间，并随手关闭门窗。一旦所有的逃生道路都被大火阻断了，就要迅速返回房间内。

2.合理利用空间。当室内空间很大，且火灾占地范围不大时，可以使用如下办法。首先快速地疏散至室内（房间内有水源最佳，如卫生间或厨房），然后把房间内的所有易燃物都清理一遍，同时清理与此室连通房间的部分易燃物，消除明火引燃门窗的危险，然后紧闭所有与燃烧区域相连的门窗，以阻隔烟雾和有毒气体，并等待大火扑灭及消防员的及时救助。

3.设法脱险。时间来得及的话，老年人可将浸湿过的被子（或毛毯、棉大衣）披在身上逃生。如果浓烟过大，可使用湿口罩或湿毛毯遮住口鼻，爬行穿过烟区。

发生火灾时，切不可乘普通电梯逃生，因为普通电梯随时可能因大火烧毁线路而产生故障，应沿防火安全疏散楼梯步行往楼底逃生。但因为老年人腿脚不便，不建议通过攀爬阳台、门窗、落水管道等方式转移。

4. 显示求救信号。老年人遇到火灾，应向外高声呼救，使救援人员了解自己的情况。应尽可能利用手电筒的光亮，或挥舞艳丽的衣物、毛巾等，或通过敲打脸盆、锅、碗等方法吸引救援人员的注意力，使他们能及时发现救援目标，展开救援。

（八）老年人如何预防家庭火灾

1. 老年人应定期检查家中的电气线路，杜绝电气火灾。一旦发现电源线存在折断、裸露、老化等状况，就应当进行维修或更换；在家里无人时，要断开不必要的家用电器的电源；电暖气和取暖炉都要离家具、电源线和电器设备有一定距离；也不能让衣物、纸张等易燃物接近插座、取暖器和炉火。

2. 老年人应该管理好厨房燃气和炉灶，以防止厨房失火。许多家庭平时都是由老年人煮饭的，而许多家中失火都发生在厨房里，故老年人煮饭时人尽量不能离开厨房，而炉灶在开着时也不能长期无人看护；不要将食物、毛巾、抹布等物放到燃气灶具上；在烧水煮饭时要注意，不能让溢出的汤、水直接浇灭炉火；要定期清理灶具、灶台、炒锅及油烟排气口的油垢。

3. 老年人应管理好明火。老年人在使用明火时要时刻谨慎，要做到不躺在床边抽烟，不随意乱丢尚未熄灭的香烟；抽剩的烟头一定要放进烟灰缸里，而且烟灰缸要经常清理，每次清理后，放入少量的水。点着的蜡烛不要靠近易燃物，更不要点了蜡烛就离开家，且长时间不回家。

4. 老年人要妥善处理与存放易燃、易爆的生活用品。应将电池、打火机等易燃、易爆的常用生活用品置于阴凉干燥的地方，避开热源、火源和日光直射的区域。

5. 老年人须保持楼道干净整洁。一些老年人因为节约心理，爱收集废纸、包装盒、空饮料瓶等可回收垃圾以便出售，甚至把这些易燃的垃圾存放在出口走道里或是楼梯间，殊不知很多火灾就是由这些易燃废品引发的。而且在过道及楼梯间堆积废弃物，如果引起大火，会影响疏散的顺利进行。

6.老年人应熟悉消防设备的使用方法。家中也有必要准备灭火器、消防毯、防毒面具等设备，这样可以使居民在家庭火灾中死亡的可能性大大降低。老年人应熟悉这些消防设备的使用方法，也可由家人告知使用方法。

三、老年人起居安全

（一）老年人如何防跌倒

跌倒是老年人经常会出现的意外事故。轻者或许只有皮肉擦伤或瘀血，重者则可以导致扭伤、软组织损伤或者骨折，不可忽视。平时只要注意一些小细节，就能降低老年人在家里跌倒的风险。

1. 浴室防跌倒。经常湿淋淋的卫生间和浴室，是老年人最易摔倒的地方，应做好防滑措施。若家里有老年人，建议卫生间和浴室的地面要铺设防水垫，墙面也应该安装扶手。浴室内如设有扶手，老年人在洗浴时可随时握住扶手防止脚下打滑，有助于避免摔倒受伤。在马桶边安装扶手，则能帮助腿部无力及酸痛的老年人如厕时较方便地坐下或起身。此外，老年人最好是坐着洗澡，避免久站。

2. 厨房防跌倒。随着年龄的增长，视力会退化，在光线不足的昏暗环境里视物会有障碍，会对老年人造成一定的危险，因此保证厨房里灯光明亮、光线充足是最基本的安全要求。厨房的门槛过高，对腿脚无力的老年人来说也会带来麻烦。常用的厨房器皿都应该置于老年人触手可及的地点，不要置于较高处，防止老年人站在凳子上攀高取物；也别置于较低处，防止老年人蹲下身体取物，起身时可能头晕导致摔倒。老年人准备烹饪食材时，最好坐着，不要长时间站立，加重双脚疲累感。老年人最好是坐有靠背并稳固的椅子，别坐太轻而容易打滑的塑料椅。

3. 客厅防跌倒。室内应该尽可能保持整洁，由于老年人的行动较迟缓，加之可能存在视力障碍，很容易被障碍物绊倒。家具应尽量放在较稳固的地方，防止老年人碰撞后移动导致其摔倒。同时要尽可能清空障碍物，包括随意堆积的废弃物、地上杂乱的电源线等。由于老年人的腿脚力量不足，抬脚跨门槛容易摔倒，因此，过高的门槛也属于障碍物，应尽量拆除。

4.卧室防跌倒。老年人入睡时，在卧室里最好开着一个小夜灯，以便老年人在半夜醒来上厕所时有充足的光照。睡床的床架不能太高，床褥也不能过软，以便于老年人上下床。有些时候，卧房木地板的板片残缺，造成地板凹凸不平，容易导致老年人摔跤，所以应该及时修理。

（二）老年人如何平安度过四季

1.老年人如何平安度过春季

春回大地，万物回归。春天风和日丽，是人类歌颂与热爱的好时节。但是，春天同时也是由冬寒向夏热转变的时节，而且气温变动很大，冷暖无常，不少老年人一时无法应对。所以为了让老年人平安度过温馨舒适的春天，建议老年人做到以下几点：

第一，防寒保暖。春天乍暖还寒，随着天气的变化，老年人如果衣着太单薄，或者保温措施不到位，就非常容易受寒甚至生病。尤其是老年人各种生理功能衰退严重，对气候变化的适应能力较差，所以做好"春捂"特别关键。老年人穿衣也要针对自己的身体状况，随着天气变化，随时加减，衣物也要宽松、轻便、保暖。

第二，科学膳食。春季，老年人在膳食方面要注重以下四点：其一，热量有保障，同时相应降低食量；其二，粗细配合，不宜偏细，可以多吃小米、小麦、红薯等；其三，蛋白质应"精"，油脂应少，可吃富含蛋白质的美食，如豆制品、鱼类、蛋类、瘦肉等；其四，要限制食盐的摄取。综上所述，老年人在膳食上应选甘、温、清、可口之品，忌油乎乎、酸涩、生冷之物，要多吃青菜、水果等。

第三，起居益体。冬去春来，老年人的调控中枢和机体功能仍处于怠缓状况，此时要注意以下"四要"：一要保证老年人居住的房间空气清洁，并注意每天室内通风换气；二要保证居室干燥，被褥常洗勤晒；三要保证居室色彩和谐，气氛祥和，并适当养植鲜花和绿植；四要在睡前用温水泡脚，并按摩脚部。此外，老年人春季犯困是正常生理现象，无须恐慌，只要调节得好了，这个现象就会自动消失。但是，老年人切忌"恋床"，因为入睡时间过长会使身体代谢水平降低，气血运行不畅，也不利于将浊气排除。

第四，适量运动。春天正是老年人走出家门锻炼身体的大好时节，常在室外运动，吸入清新空气，能荡涤身体浊气，加强心脏功能，从而增强身体对疾病的抵抗能力。老年人在运动中要注意：首先要适量，以防止运动量过大；其次要动静结合，在运动时一定要量力而行，不能过于劳累；再是得选择合适的运动项目，在运动中一定要挑选符合自己身体条件的运动项目，不能做太过复杂、太大、过险的动作；最后要注意保暖，因为春天气候变化无常，常有倒春寒，所以老年人的保暖很关键。

第五，防病治病。春天气温升高，利于细菌、病毒等滋生，可能会危及老年人的身体健康。所以，老年人要提高自身预防意识，以做到无病早防，有病早治。

2. 老年人如何平安度过夏季

夏季温度高、湿度大，人们的日常活动规律和与外部环境的平衡很易被打破，特别是老年人对环境变化的适应能力比较差，很容易生病。夏季最常见的病症是中暑、痱子和胃肠病，以及因高温引起的心血管病、贫血和肺气肿等慢性病。所以，老年人平安度夏要做到以下几点：

第一，防止着凉。夏季，老年人切勿在露天、风口处或风扇下睡觉，并得注意盖好肚子。由于人在入睡时，体温调节功能减弱，人体无法抵御风寒的侵袭，因此容易身体受凉以及腹泻。此外，在满身大汗后，也不宜立即洗冷水澡。

第二，注意个人卫生。夏季由于气候炎热，流汗较多，若皮肤稍有损伤，就容易引起感染。因此，为了防止患皮肤病，老年人应该勤沐浴，并尽量用温水擦浴。温水擦浴可以去除污物，使毛细血管张开，促进汗水排出。此外，需要经常更换衣物，保证肌肤洁净、干燥。

第三，调整膳食。老年人在夏季时宜吃鲜嫩美味、清淡易消化的食品。可多吃一些钙、铁、维生素含量较多的豆制品、新鲜蔬菜、瓜果等，以避免增加胃肠道负担。另外，老年人还可以在午后或晚上食用一点由绿豆、百合、薏米、莲子等熬制的汤水或粥。

第四，防止中暑。老年人气虚体弱，比普通人中暑的几率要大，所以老年人切勿长期在烈日下或高温环境中活动。一旦发生浑身无力、四肢发麻、头晕眼花、胸闷呕吐等中暑的先兆时，应立即去通风干燥的阴凉处，并解开衣扣，用冷水浸湿毛巾敷住头部，饮些凉白开水或凉盐水；还可以服用人丹、十滴水、藿香正气水等。

第五，预防肠胃疾病。夏季是痢疾、肠炎、食物中毒等胃肠病的盛行季，而上述疾病通常都是经由饮用水和食品来传染的。所以，老年人在夏季时要注意忌贪吃生冷食品，不吃腐烂变质的饭菜和瓜果。要注重培养健康的个人卫生习惯，饭前及便后都要洗手，生食瓜果蔬菜前也要清洗消毒。

3. 老年人如何平安度过秋季

金秋季节，是人类感到身体最舒服的时节。但是秋天气候逐渐转冷，同时又是老年人各种慢性病最容易发生的季节。要适应秋天的气候变化，抗病延年，老年人在秋季应该注意以下几点：

第一，调整膳食，养肺生津。秋季老年人应少量多餐，多吃熟软的、开胃易消化的食物。此外，因为秋天天气干燥，老年人易犯津伤秋燥症，所以，在饮食选择上要多摄入甘平润燥、养肺生津的食物。如梨、百合、山药、荸荠、莲子、藕、猪肺等。也可适量用一些滋补药材熬粥食用或泡酒饮用，如枸杞粥、黄精粥、玉竹酒、柿子酒等，对防病抗病也有积极功效。

第二，提高身体耐寒抗感冒的能力。秋季的温度差异较大，且温度偏低，风寒的邪气极易伤人，加之抵抗力和适应能力的下降，老年人尤其易患普通感冒、上呼吸道感染、肺炎、肺心病等，甚至出现心肌功能衰竭而威胁生命。所以，老年人应当重视防寒保暖，如果身体允许可坚持用凉水洗脸、擦鼻子等，以增强耐寒和抗流感的能力。

第三，警惕秋季易发疾病。秋天的特殊天气特点，极易引起流感、慢性支气管炎、风湿、胃病、气喘和心脑血管疾病等。所以，老年人要重视预防，并根据自身身体状况，主动控制，以防秋天易发病症的出现。

第四，加强身体锻炼，以应对"秋冻"。秋天的气温变化较大，早晚温度悬殊，身体较好的老年人衣着以轻薄为宜，不能顿增厚衣，应适应寒凉，逐渐增加耐寒力。抵抗力较弱的老年人，为防止旧病复发或增患新病，应逐渐添衣。此外，老年人还可按照个人的兴趣和喜好，量力而行，挑选适合自己身体状况的运动项目，如慢跑、做操、散步、练拳、打球等。

4. 老年人如何平安度过冬季

冬季天气寒冷，气候干燥。冬季的气候对老年人的身体来说是一个很大的刺激，极易造成身体各项生理机能混乱，致使疾病产生或病变的加剧。为平安地度过冬季，老年人必须做到以下几点：

第一，注意防寒保暖。老年人身体主要器官逐渐衰老且功能显著下降，肌肤松弛、皮下脂肪减少，机体新陈代谢功能显著降低，适应性和抵抗力低下，耐寒和抗病的能力都明显不如青壮年。所以，在强冷空气或寒潮来临之时，老年人的高血压、中风等疾病的发生率显著上升，同时也容易罹患心绞痛、心梗、心力衰竭等心血管疾病。严寒气候也是伤风感冒、急性支气管炎、冠心病、肺气肿、哮喘等疾病发作的主要原因。另外，当老年人机体遭受严寒刺激后，还易引起手脚干裂、冻疮或肌肤痒等症状。所以，老年人应该时刻重视自身的防寒保暖，并随气候的改变适时添加衣物，以避免身体受凉，导致疾病产生。

第二，注意膳食调理。在冬季，老年人的生活饮食宜以"温""补"为先，宜摄入高热能、高蛋白质的食物，并科学合理地安排好一天三餐，努力做到干稀结合、荤素夹杂，以增强营养、加强御寒能力。要尽量避免或少吃寒凉和刺激性食品，以及某些油性过大、不易消化吸收的食品。

第三，改变家庭居室环境条件。在冬季，老年人为了御寒，通常会把房门和窗户都紧闭，再加上供暖设备的使用，室内空气更加燥热、污浊，易诱发呼吸道疾病。所以，老年人应保持房间整洁、空气流通，合理调节房间的温度和湿度。

第四，合理开展体育运动。在冬季，老年人也应该在力所能及的状况下保持日常体育锻炼，这样对增强体质、预防疾病大有裨益。

第五，有疾病及早治疗。在冬季，老年人如果感觉身体有不适症状，如食欲不佳、高烧、干咳、胸痛、心慌、气短、倦怠无力等，应该及早去医院就诊，不要延误治疗，导致疾病进一步加剧。

（三）老年人走路锻炼有什么好处，应怎样进行

走路作为一种相对舒缓的运动项目，既能达到运动健身的目的又不会过于激烈，是深受老年人群体欢迎的一种锻炼方式。那么如果能坚持走路锻炼的话，对身体会有哪些好处呢？

1.有利于增强肌肉和骨骼的力量。和其他运动相比，走路需要身体大部分肌肉和骨骼的配合，在这个过程中肌肉和骨骼的力量可以得到锻炼，在一定程度上降低了肌肉拉伤、骨骼拉伤的出现几率。

2.能促进血液循环，利于心肺功能。在走路运动的过程中，血液循环会加快，可以让血液更好地流向身体各处，使心脏的供血更为充裕，且可以让心肺功能得到很

好的锻炼，有利于肺活量的提高。

3.有利于减肥降脂，控制胆固醇。走路可以帮助我们消耗身体大量的热量，减少脂肪的堆积，降低体内胆固醇，减少肥胖的发生。

4.能稳定血糖，防控糖尿病。在走路运动的过程中，身体中的胰岛素分泌也会随之变得更加活跃，这有利于稳控体内的血糖，预防糖尿病的发生。

走路对增强老年人体质颇有益处，但采用什么走路方法才是科学合理的呢？这里推荐两种方法：

1.变速行走法。两腿同时按相应速率前行，能促使腹腔肌有节奏地收缩。再加上手臂的挥动，有助于提高肺部的通气率，增强肺部功能。通常每天的步行里程以1 000—2 000米（依据本人身体状况而定）为宜。走路时需转换速度，如先用中速或快速步行约三十秒或一分钟，然后慢速步行约二分钟，以快慢速度交替进行。走路时应尽量挺直胸膛，结合深呼吸训练，通常可选择走四步一吸气，或跑六步一呼气。通常每日完成一到两次，早晚进行效果最佳。

2.匀速行走法。每日持续步行约 1 500—3 000 米的里程，保持适当的步行速率，同时要不间歇地走完全程。可根据自身体力逐渐增加步行的路程长度，通常以每天走完后稍觉疲乏为度。而长途步行的主要目的是锻炼耐力，也有助于增加肺活量。但此法须长时间坚持，方能达到明显效果。但需要注意的是，老年人在步行时若发生明显的头晕、眼花、胸闷、腰部酸痛等不适症状时，应适当停止运动。呼吸道感染者以及合并心力衰竭的老年人，不适宜进行长期的步行运动。

（四）老年人跑步锻炼应注意些什么

长跑是最普遍的一项大众体育锻炼，现在很多老年人都有晨跑的习惯。对老年人来讲长跑的益处很大，包括增强心肺功能、提高抵抗力、消除亚健康状况，等等。老年人长跑运动的注意事项有哪些呢？

1.做热身运动。在跑步之前做热身运动，能有效增强全身血液循环，降低乳酸堆积，从而缓解跑步后的肌肉疼痛现象。例如，先缓慢地活动一下躯干、四肢，使全身的肌肉松弛，并使心脏的跳动和呼吸满足体育锻炼的要求，一般准备活动时间在两到三分钟。最常用的热身锻炼方式有：两手叉腰旋转，以活动腰部；上下以弓箭步压腿；左右压腿时，牵拉大腿韧带；身子保持直立，两手叉腰，两足交替脚尖触地，以活动踝关节；双手扶一固定物，分别前后踢腿，活动腰部和膝关节；半蹲，双腿紧闭，两手扶住膝盖活动膝关节；等等。

2.跑步时的注意事项有以下几点：跑步时有一双合脚、舒服的专业运动跑鞋是非常关键的。在奔跑时步伐一定要轻盈，手臂可以自由挥动，要用鼻孔吸气，用嘴巴呼气，维持三步一呼三步一吸或两步一呼两步一吸的呼吸频率。运动量一定要根据个人实际情况来定，千万不能逞强好胜。老年人体力不比年轻人，所以运动量要调低，避免受伤。一般来说，可以先慢跑五到十分钟，之后再慢慢适应，加到十五到二十分钟。凡是患有严重高血压、糖尿病、慢性支气管炎等病症的老年人均不能跑步，有隐藏疾病或者身材比较肥胖的老年人也不适合跑步。跑步完成后不应立即停止，最好进行慢慢地行走或原地踏步，做一些放松性的身体整理活动，使人体各器官从运动状态逐步恢复到平静状态。

（五）老年人跳广场舞要注意些什么

1. 老年人跳什么广场舞好

选择广场舞曲时不能一味盲目，要认清自己的身体适应怎样的舞曲，切忌盲目模仿。一般老年人宜从单一动作开始，而不必急于求成，因为只要"动"起来就会有锻炼的成效。跳广场舞之前，老年人应检测一下血压和脉搏，就算是血压达到正常范围，也要避开节奏快、难度大或持续两小时以上的舞蹈。

2. 广场舞什么时候跳好

早上活动时间不宜太早，以太阳刚出来为佳，特别是秋冬时节，应等晨雾消退以后再跳舞。下午活动时间以四到六时为宜，而晚上则需待到晚餐后半个小时或一个小时后活动。睡前两小时内不宜进行运动，特别是老年人，由于上床时间较早，睡前太过激烈的体育运动易导致无法入眠或者疲乏，从而降低睡眠质量。

3. 广场舞地点的选择

很多居民区附近都有广场舞的定点锻炼场地，以就近活动为好，不要跨街区"长距离跋涉"，或在马路边锻炼，因为马路边尘土和机动车废气（含各种致癌物）很多。路边或公园内等处的混凝土地或瓷砖地太硬，会给人体关节造成一些伤害，不宜用作体育锻炼场地。应尽量选择视野广阔、空气清新的草原及疏松的沙土，但要尽量避免风口。

4. 跳广场舞前的准备

跳舞之前三十分钟内不要大量进食，但也不要空腹，因为空腹容易导致低血糖，使人出现下肢无力、头晕等不适应感。衣物要选用能吸汗的全棉衣物，并尽可能宽松一些，以保持身体的气血正常流动。跳舞的鞋子则以鞋底较松软且合脚的气垫鞋、运动鞋等为宜，不宜穿着皮鞋、高跟鞋和鞋面鞋底太硬的休闲鞋，以免扭脚。

5. 老年人跳广场舞前的热身

热身可防止由于突然运动而引起的肌肉拉伤以及关

节受伤，如可在跑步之前活动几下膝盖、手腕关节，然后扭扭腰部，再拍拍大腿。做五到十分钟就够了，并以身体微微流汗为度。

跳广场舞的过程中，身体动作的幅度不要太大，应尽量避免突然的大幅度拧颈、旋腰、下腰、转胯等身体动作，以免摔倒，或导致关节、肌腱受伤。跳完舞后不能立即结束身体活动，要做些轻松的活动来放松，如韵律操、散步等，使身体的肌肉逐渐松弛下来。因为始终处在高度紧张状态的肌肉，极易损伤或出现痉挛。

6. 老年人跳广场舞的时间

以一小时为限，冬季则稍短一些，在三十分钟以内为宜。如果呼吸不通畅，则应先休息片刻之后再决定是否继续进行。如果产生了不适感，如腿部乏力、头晕、心慌等，就应立即暂停练习。同时音乐的音量也不宜过大，因为太大的声音不但妨害他人，而且还有可能损害自己的听觉。

7. 老年人生病了能跳广场舞吗

和其他的体育形式相比，并不是所有老年人在任何时间都适合跳广场舞，凡是患有急性病的老年人（如急性支气管病、急性肠胃炎、急性肝炎、急性心肌炎等），或者处在某种慢性疾病的急性发作时期，都不适合跳广场舞。血压与脉搏情况都不太好的老年人，也要从强度与持续时间上对广场舞进行适当选择和安排，以防意外发生。

第二章

老年人饮食安全

一、老年人食物中毒怎么办

（一）为什么老年人容易食物中毒

食物中毒指的是身体摄入了"有毒"食物，而这种食物既可能是自身含有有毒物，也可能是被细菌、真菌等微生物以及有毒物污染的食物。如果老年人误食，通常会最先产生胃肠道反应，并出现腹胀、上吐下泻等。这些毒物容易吸收进血液中，也会损伤肝、肾等重要脏器。因此一旦食物中毒，应立即除去在胃肠里残留的毒物，以减少对身体的伤害。而那些已经流入血液的毒物，需要及时清除。若是细菌、真菌导致的食物中毒，还需要相应的抗菌药物。

老年人由于自身免疫和消化系统功能减退，胃部常有慢性炎症，胃酸分泌降低。胃酸是阻止细菌进入小肠的重要屏障，胃酸缺乏，食物中的病菌就有了大举进犯的可乘之机。同时，老年人肠道蠕动缓慢，细菌有足够的时间繁殖，产生毒素。此外，老年人常常患有慢性疾病，或者常在服药，这些因素都可能使老年人失去食欲，导致营养不良，也造成免疫功能低下，加上很多老年人生活节俭，过期食物甚至腐败食物不舍得丢弃，处理后仍然食用，就特别容易发生食物中毒。

（二）食物中毒有哪些症状

食物中毒者最常见的症状为剧烈的恶心、腹泻，并同时伴随着中上腹的酸痛。食物中毒者也常会由于上吐下泻而发生脱水症，如口唇干燥、眼窝沉陷、肌肤弹力消失、肢体冰冷、脉搏弱、平均血压值降低，甚至是窒息。因此需要及时给病人补足水分，有条件的还可注入生理盐水。病症轻者让其平卧休息。若仅有胃部疼痛，多喝些温白开水以及稀释的生理盐水，随后再把手伸向下咽部催吐。一旦食物中毒者有休克体征（如手足发凉、面色发青、血压值降低等），应立即平卧，双下肢尽可能抬起，并速请医生予以适当处理。

（三）发生食物中毒时老年人如何应对

老年人食物中毒时，应当先冷静研究其原因，并确定导致中毒的食品的类型以及服用毒性食品之后所经过的时间长短，并及时实施下列三种急救方法：

1. 催吐。老年人若刚进食不久，时间间隔在两小时以内，可进行催吐。取二十克食盐，然后加两百毫升开水冲调，冷却一段时间之后给老年人一次性服下。如服用后无效，可多饮几杯，直至呕吐。也可取用新鲜姜茸一百克，将其捣碎后，将茭汁用约两百毫升温水冲调后，给老年人口服。如果确定导致老年人食物中毒的是变质食品，就可以口服十滴水进行催吐。

2. 导泻。如果老年人食用了导致中毒的食品后已过两小时，催吐已无法起作用，则可进行导泻。如老年人精神状况较好，可以用波叶大黄三十克煎服导泻；身体条件较好的老年人也可以用番泻叶十五克煎服导泻。一般身体不好的中老年人，可取元明粉二十克，用白开水冲调后食用，缓慢导泻。

3. 解毒。如果老年人由于食用了容易变坏的鱼、虾、螃蟹等食品而中毒，则宜将一百毫升食醋加两百毫升温水稀释后，一次性服下。或取紫苏三十克、生甘草十克，煎服。如果由于服用了防腐剂或变质食物而中毒，可及时服下富含蛋白质的饮品（如鲜牛奶）以进行解毒。如果老年人中毒程度较重，经过上述措施仍未有好转，应立即送医院进行抢救。在运送途中应给予充分的护理，安慰老年人情绪，防止老年人受凉，并及时给老年人补充淡盐水。

（四）老年人如何预防食物中毒

1. 食物选购注意事项。其一，不能选择一些未能得到适当保存的食品，比如悬挂在商店外面的烧烤、卤味和没盖好的熟食等。也不能光顾无卫生许可证的饭店和熟食摊贩，或从他们手中选购熟食或生冷食物，因为他们烹饪食品的环境和方式大都不符合安全标准。其二，生吃的食品如刺身和生蚝，都应从符合食品卫生规定和商业声誉良好的商家那里采购，以确保食品安全卫生。

其三，在购买包装完好的食品时，一定要留心食品外包装上是否注明生产日期和有效期，没有注明上述时间的食品也尽量不能选购，因为无法证实食品是否仍在有效期限内。此外购买罐头时，也要留心罐头的外观有无变化。在购买蔬菜果品时，别太迷信蔬果的外观完整，因为过于完整的外观通常是大量喷洒杀虫剂的直接后果。

2. 食物处理过程中的注意事项。其一，一般的病菌都可以在正常的温度下生存，但在过高或过低的温度下，病菌就无法生长，所以将食品充分烹煮好，是保障食品安全的最佳方法。其二，将生食和熟食分开加工与储藏，以避免交叉污染。烹饪时所用到的器皿、菜刀、抹布、砧板等也是病菌最易滋生的区域，所以必须保证厨房用具的清洁，但一般老年人往往忽略了生食和熟食的食物器皿分开使用的观念。必须采用两套不同的菜刀、砧板等烹饪工具分开加工生食与熟食，以防止交叉污染。其三，在选用了新鲜食物后，彻底清洁食物及相应处置器具非常关键。果蔬洗涤的首要目的是除去表层的尘土、寄生虫等，更关键的是把果蔬表层的农药和肥料残余清除干净，以防中毒。因此洗涤果蔬的最佳方式是先加水浸透，然后再仔细洗涤。

3.食品储藏的注意事项。其一，已经烹饪好的食物应当及时食用。病菌大量滋生并形成毒素的最主要原因就在于温度和时间，在适当的温度和足够的时间条件下，病菌就可以大量滋生并形成毒素。所以，降低食物储存温度和减少储存时间是防治细菌性食物中毒的重要措施。其二，剩余的食物最好扔掉，若需长期保存，宜在四摄氏度及以下储存。虽然目前一般家庭储藏食物的主要方法都是使用电冰箱，但还是要注意电冰箱也不是万能的，千万不能将电冰箱看成储藏室，因为电冰箱里不可能塞太多的食物，否则电冰箱里的冷空气就无法顺利循环，这样会减弱电冰箱制冷的效果，从而导致冰箱内食品的迅速腐烂。其三，已冷冻的肉食在烹饪时应该先彻底化冻，并充分、均匀、彻底地煮透，方可食用。已化冻的肉食不能继续储存，鱼类和肉类等罐装食品要严格遵照包装盒上所标注的保质期来食用。

二、老年人饮食应注意哪些安全问题

第一，食物种类要丰富。老年人代谢缓慢，这样就更是需要注意饮食中营养的平衡。老年人对热量的追求要比青年人更低，但对钙质、维生素 D、维生素 B_{12} 等的需求量更多。所以老年人应该多吃些富有营养的食品。蛋白质、脂类、糖、维生素、矿物质和水分是人类所需要的六种营养物质素，而这些营养物质素也广泛存在于食品中。为了均衡地吸收养分，并维护身体健康，所有食品都要吃一些，如果有机会，每日的主副食品应该维持在十种左右。

第二，控制饮食。有些老年人简单地认为只要没有体重上的问题，就可以想吃什么就吃什么，不用加以控制，这种观点是错误的，无论你身材多么苗条，糟糕的饮食也可以增加多种慢性病的发病危险。比如，含有饱和脂肪酸的食品会提高心血管疾病的几率。盐摄入量过高会给心肌、肾功能增添压力，从而引发血压升高。

第三，规律饮食。一些老年人认为，出现胃口不好的情况时，少吃一两顿饭并没有任何关系。但如果老年人经常在应进餐的时间不吃饭，或者吃饭不规律，则危害极大，易引起暴饮暴食、血糖波动和食欲不振等问题。在早晨胃口最好时，早饭一定要吃好，就算不是很饿，午饭和晚饭还是要吃一些，不要让胃长时间空着。

第四，多喝水。不少老年人朋友平时不太爱喝水，直到口渴了才想到要去喝水，这种行为对身体健康不好。因为生理机能的退化，遇到严重脱水的状况时，一些老年人都没有口渴的感觉，所以建议老年人每天保持适度的饮水，但不要喝含糖量高的饮料，应尽量饮用白开水或矿泉水。

第五，剩菜慎处理。有的老年人爱做一顿饭，吃一些剩一些，总是想着既能省钱又能省时间。其实剩饭、剩菜易造成重要营养素缺少，而且容易变坏。老年人嗅觉减退，也不易嗅到变质食品的味道，所以容易食物中毒。倡导老年人朋友将剩余饭菜尽量放在冰箱保存，最好是吃多少做多少，尽量不吃剩饭剩菜。在食用前，一定要彻底热透，以免给身体带来不必要的伤害。

第三章

老年人出行安全

一、老年人日常出行请注意

（一）日常外出应注意什么

1.提前了解自己的身体状况和潜在疾病。老年人要注意定期体检，了解自己的身体状况，熟悉自己身体存在的问题，提前准备好常用药，在外出时要随身携带。患有冠心病、高血压、癫痫等慢性疾病的老年人最好征得医生同意再出行。同时，可随身携带个人信息卡，卡上记录好可能会出现的疾病、相关的急救药品、自己的血型和紧急联系人，一旦有意外发生，可以方便他人更快与家人取得联系，也能为医生的救助提供更多有效的信息，以便得到迅速有效的救治。

2.注意筛选外出的地点。老年人应尽可能选取安全的地方出行，避免到路途崎岖、地势陡峭的地方去。人一旦上了年纪，体力以及肢体的灵活度都会出现一定程度的下降，因此，老年人出行时应尽可能选择好走的路，以防摔倒造成受伤，或体力不支造成晕厥，若一定要到达不便行走的地方，应尽可能在家人的陪同下出行。

3. 注意饮食的选择。老年人在出行前，在饮食上要注意食物的选择，避免食用不合适的食物导致肠胃问题，影响出行。应尽可能食用一些清淡的食物，避免摄入辛辣刺激的食物。老年人的肠道一般较为脆弱、敏感，因此，在饮食上要尤其注意摄入的食物的质量和种类，尽量多摄入谷物和蔬菜，少吃大油大肉和生冷瓜果。

4. 选取合适的代步工具。老年人出行，应尽可能选取安全可靠的交通工具。在乘坐公共汽车、地铁时，应尽量错开早晚交通高峰出行，避免上下车或车上拥挤造成的摔倒和踩踏。如果需要出远门，最好乘坐火车、飞机或长途客车，尽量不要长途驾驶私家车，因为长时间驾驶车辆对司机的视力、精力和反应能力要求较高，老年人由于年龄原因，身体机能有所下降，难以应对行车时的一些突发状况，老年人驾驶车辆存在潜在的交通事故风险。

5.出门时尽可能不要参与高风险的户外活动。一些户外活动对人的身体素质要求较为严格，老年人由于体力受限，容易发生意外，应保护好自身的安全。如每年都有老年冬泳的参与者受伤或溺亡。

6.疫情期间出行，应遵守相关防疫规定，注意自身防护。老年人身体抵抗力较差，且基础疾病多，是新型冠状病毒的易感群体，所以应该尽可能不要去人多或通风条件较差的公共场所，如超市、菜场、商场等。应尽量少参加人多的活动，如打牌、打麻将、广场舞等。发现有呼吸道疾病时，应减少外出。如需出行，应适当进行个人防护，并适当佩戴口罩，应佩戴符合国家标准的医用口罩、医用外科口罩等。口罩弄湿或弄脏后，要及时更换。

（二）乘坐电梯时电梯发生故障怎么办

住在高层建筑的老年人都有乘坐电梯的经历，绝大部分人没有遇见过电梯故障，但是掌握急救措施还是十分必要的。电梯最常见的故障主要有两种：

1.电梯突然停止运行。意外停电会使电梯停在半空中。首先不要惊慌，也不要大喊大叫，要保持平静，并迅速平复自己的心情，以便正确地采取自救措施或求救。如果被困的老年人是心血管疾病患者，那么一定要小心，因为过度紧张或焦虑可能会导致疾病的发作。一定要保持良好心态，慢慢呼吸，平复心情。同时，可以通过电梯里的警铃、电话等与物业管理公司联络，或者拨打电梯中标注的故障报修电话，也可以拨打110求助。上述办法不管用时，也可以拍打电梯门叫喊或脱掉鞋子敲打电梯门，并发出信号求助。不要不停地呼叫，要维持体力，等候救援。切忌采取强行拉门、扒门等不当的自救行为。

2.电梯失去控制急速下坠。一旦出现电梯自由跌落的情形，要尽快将每一楼层的按键都按下。同时，为防止电梯坠地对身体造成伤害，应使膝关节成弯曲姿态，脚跟抬高，呈踮脚姿势。如果楼梯里有扶手，就要尽量抓住扶手，如果没有扶手，可以用双手抱颈，防止颈部损伤。整个后背与头顶紧靠电梯内壁，成一条直线，以保护脊椎。

（三）老年人怎样安全搭乘公共交通工具

1. 提前做好出行规划。老年人的日常生活比较有规律，大都有比较稳定的出行路线。以居住地为出行起点，以公园、菜市场、商店、学校、诊所等为目的地，形成了较为稳定的出行路线，但一般出行距离都较短。老年人在出行之前，最好提前做好相关的规划，对于公共交通工具的选择、乘坐公用交通工具的时间点和在哪一站下车等提早做好了解，以免造成乘错或坐过站等问题。

2. 错峰出行。公交车、地铁等公共交通工具的乘坐高峰时间一般为：早上 7:00—9:00，中午 11:30—12:30，下午 1:30—3:00，傍晚 5:00—7:00。在高峰期搭乘公共交通工具时，老年人将可能因客流太大而无法正常上下车，或者上车后找不到适当位置，很容易被挤伤、磕伤，从而带来不必要的意外伤害。所以，老年人应尽量避免在高峰期搭乘公共交通工具。避开高峰期，在非高峰期乘坐公共交通工具会更加安全。

3. 尽可能地坐在座位上或拉紧扶手，稳住自己的身体，以防摔倒。在公共交通工具的行驶过程中，不免有司机刹车造成车辆前后摇晃使得身体倾斜不稳。因此，对于老年人来说，最好坐在座位上。如果没有座位，要选取可以倚靠身体的较为稳妥的位置站好，拉紧扶手，稳定好身体，避免摔倒等意外事故发生。同时还要注意不要在车辆尚未停稳时就上下车，或不排队上下车。上下公共交通工具是老年人必须注意的一个重要细节，如果上下车处理不好，很容易产生不必要的矛盾，甚至引发身伤人亡的交通事故。

4. 具有某些病症的老年人是不可以搭乘飞机的。有传染性疾病的老年人，如患有传染性肝炎、活跃期肺结核、伤寒等传染性疾病的老年人，在我国法律规定的隔离期间，不可搭乘飞机。患有水痘的老年人，身体损伤部位尚未痊愈，不可坐飞机。患有精神疾病的老年人，如癫痫以及各类精神疾病，由于飞机的密闭空间易引发病症，也不可乘坐飞机。有的老年人有心血管疾病，飞机上的空气中氧含量偏低，可以使心血管病人的旧病复发或病情加重，尤其是心脏机能不全、心脏缺血坏死、心肌梗塞和重度高血压的老年患者，通常建议不要搭乘飞机。脑血管病人，如患有脑血栓、脑缺血、脑肿瘤等疾病的老年人，由于飞机起落的轰鸣、震荡等可使病情进一步加剧，因此严禁搭乘飞机。患有肺气肿、肺心病等呼吸系统疾病的老年人，会由于身体无法适应周围环境而产生气胸、肺大泡等症状，在乘坐航班途中会由于体内气体的膨胀而加重病情。做过胃肠道切除术的老年人，通常在术后十天内不可搭乘飞机。消化道大出血的老年人在大出血终止三周后方可坐飞机。重度贫血的老年人，如血红蛋白含量水平在50克/升以内的，通常不建议搭乘飞机。患有中耳炎、鼻炎等耳鼻疾病的老年人，如果耳鼻有急性渗血性发炎，或近期做过中耳手术的，通常不宜乘坐飞机。

（四）老年人驾驶机动车出行应注意什么

1.避开人流车流的高峰时段。有些老年人驾车时的车速比较缓慢，容易"龟速"或"蜗速"行驶，这样在拥挤的路段更容易成为"路障"，可能会被别车或被按喇叭催促，这样会使老年人的心情变得过于紧张，驾车时也就容易出现操作失误，从而影响行车安全，容易引发交通事故。因此，每天早上 7：00—9：00 和下午 5：00—7：00 的人流车流高峰时段，老年驾驶人如果没有急事，还是应该尽量避开这一时段。

2. 提前计划行驶路线。老年人的记性一般较差，或者对路面状况不太熟悉，所以老年人在每次开车外出之前，一定要合理选择行驶道路，特别是在机动车较多的市区行驶时，要尽量绕开机动车较为密集的道路，这样开起车来就可以做到心中有数，游刃有余。

3. 高速公路行车要谨慎。老年人要尽量避免上高速公路驾车，因为高速公路上的车速很快，超车和变更车道的情况也很多。如果老年人有事必须要驾车上高速公路行驶，那么最好走外车道，车速在 60—80 公里 / 小时以内比较合适。老年人在超车、变更车道前一定要注意观察前后车辆，留出足够的空间，这样遇到突发情况时就能够及时采取防范措施。

4. 驾车时注意休息。由于年龄原因，老年人的视力相对青壮年时期会有所下降，为了行车安全，驾车时要注意保护眼睛，确保视线良好。在晴天时，最好戴上墨镜；在出车前，也最好清洗一下挡风玻璃。同时，老年人的精力也会明显下降，容易产生疲劳感，影响行车安全。因此在驾车两小时后，一定要停车休息，并活动一下手、肩、腰、颈等部位。

5. 尽量减少夜间行车。老年人要尽量避免或减少夜间行车，因为夜晚能见度低，尤其在没有路灯的道路上行驶时，稍有不慎就很容易发生事故。如果有急事，老年人确实需要在夜间驾车外出时，最好找一个年轻人坐副驾驶位陪伴，确认和指引道路情况，以防发生意外。

6. 在车中储存足够的食品和饮用水。在驾驶汽车长途旅行的过程中，经常会出现堵车和迷路的状况，要做好食品和矿泉水的储存，防止因为堵车或迷路造成的意外。同时，有些老年人对于车载 GPS 或是手机导航的使用不太擅长，必须携带纸质地图。即使能够熟练操作车载 GPS 和手机导航，也应准备好纸质地图，以便在导航电子设备出现问题无法工作时能及时准确地识别行车路线。

（五）老年人驾驶电动车应注意什么

目前，许多老年人为了生活便捷以及接送孙辈上下学，会驾驶二轮、三轮甚至四轮电动车出行。但老年人驾驶电动车导致的交通事故频发，这些事故既影响了老年人身心健康，也给社会带来了隐患。这类事故的发生主要有以下几方面原因：

1. 老年人驾驶技术不过硬，容易引发事故。驾驶三轮和四轮电动车需要具备一定的驾驶技能，而一般老年人根本不具备相应的驾驶技能，因而在其驾车过程中，当遇到突发状况时很难有效、及时地处置，极易导致事故发生。

2. 部分老年人法律法规意识较淡薄，易于造成交通事故。不少老年人文化程度并不高，且他们对道路安全法律法规也知之甚少，所以其在驾驶车辆过程中往往会发生闯红灯、占道行驶、逆行等违章行为，这对于自己和其他人的生命安全都有很大的危险性。

3.老年人的眼睛、耳朵等视力、听力器官的功能减退，安全防范能力明显下降，容易引发事故。老年人因为岁数大，身体各种器官的功能都有不同程度的减退，在其驾驶过程中，其对外界的提醒及突发状况无法准确感应，甚至感知后反应迟钝，从而极易造成交通事故。

为了减少此类交通事故的发生，除了交通管理部门要加强对电动车的管理之外，还需要老年人做到以下几点：

1.考取电动车驾驶证。目前,《道路交通安全法》《机动车安全技术运行条件》《机动车类型术语和定义》等法律法规及国家技术标准规定，电动三轮车、四轮车属机动车范畴，被交管部门纳入机动车管理。因此，按照法律法规的规定，驾驶电动三轮车和四轮车上路行驶时，车辆必须上牌且驾驶人要持有机动车驾驶证。虽然目前电动车驾驶人持证上路的普及度并不高，但这是道路交通管理的一个趋势。特别是对老年人来说，驾驶挂牌电动车、持证上路，不仅做到了合法合规，而且通过考取驾驶证，可以掌握必需的驾驶技能，减少了交通事故发生的可能性。

2. 认真学习交通法规。老年人要认识到三轮和四轮电动车也是机动车，驾驶电动车要遵守道路交通安全法规。要主动认真地学习掌握交通法律、法规知识，增强道路交通安全意识。文化水平低的老年人可以在子女的帮助下进行学习。

3. 尽量减少驾驶电动车出行。电动车速度快，开车难度大，而老年人因为岁数大，身体各种器官的功能都有不同程度的减退，在驾驶时遇到突发状况反应较慢，容易引发事故。因此，建议老年人尽量减少驾驶电动车出行，如确需出行，最好乘坐公共交通工具。

二、老年人外出旅游需牢记

（一）老年人出游前有哪些注意事项

1. 临行前应进行身体检查。老年人在旅游出行之前应进行必要的体检，比如检测血压、测量心率、做个消化系统的彩超，要是存在高血压、冠心病、高血糖等病症，就应该了解病情的最新动向。在征得医师认可后，方可动身。要根据自己的身体状况，选择理想的旅行目的地。老年人的旅行最好是随团出行，在启程后，要及时向随团医师说明身体状况，以备不时之需。

2. 备好常用药。有慢性病的老年人，在外出之前还须准备好平时服用的药品，此外还可以准备一些特别的应急药物，如麝香保心丸、降血压丸等，以防不测。夏天出游还应备有解暑药，因为在夏天旅游时，由于老年人神经中枢传导比年轻人要迟缓，当感觉自己身体不适的时候，往往已经中暑很深了，尤其要注意。

3. 带好证件。身份证、老年人证、银行卡等证件要准备好。出国（境）旅游前，身份证、护照、签证、信用卡、机票等都是出国（境）旅行的重要身份标志和凭据，务必随身携带，并妥善保存。

4. 注意防寒保暖。有些出游目的地（如山区）的气候变化无常，多变的天气容易引起感冒等呼吸道疾病。所以，老年人在外出前应多了解当地的天气情况，并携带适当的衣物、雨具和药物，以防不测。

5. 莫忘携带手杖。随着年龄的增长，老年人新陈代谢速率减慢，肌肉流失越来越快，最典型的表现就是腿部没劲，步伐缓慢。手杖是老年人的"第三条腿"，无论是平地行走还是登山，手杖可以弥补老年人欠缺的腿部力量，有助于老年人平稳行走，防止摔倒。因此，老年人出游前应准备好手杖随身携带。

6. 防止过敏和水土不服。异地旅行时，很容易引起过敏性疾病和"水土不服"等症状，所以应该注意并及时防治，选择合适的出行目的地，备好相关药品。有过敏性疾病病史的老年人，要尽量避免有花之处，也可以预先服用扑尔敏等抗过敏药品，以防止花粉传播引起过敏。

（二）老年人在外旅游时应注意什么

1.在旅行途中注意手机时刻保持畅通。老年人记忆力和方向感会变得较差，尤其是在山里容易走失。有新闻报道过一个老年人夜宿黄山风景区后走失跌下悬崖的悲剧。要注意不能让老年人单独或结伴离开宾馆。建议老年人外出时带上有足够电量的手机或者GPS定位手表，保持手机等通信设备畅通，以便随时与随行人员以及亲属取得联系，防止因迷路而造成意外。

2.注意宾馆内部隐藏的风险。在相当一部分四、五星级宾馆的装修风格较为前卫的洗手间里，有一尘不染的玻璃墙壁（易撞）、修身开阖的玻璃门（易夹手）、过于圆滑的浴缸内部曲线（易起身滑倒）等，处处都是让老年人步步惊心的"陷阱"。此外，应提示老年人离开宾馆房间后就不能再穿宾馆的一次性拖鞋。穿着这种没有底部防滑、过于柔软的拖鞋，上下楼时容易滑跌，而且易发生脚部扭伤。

3. 关注气候变化。老年人出游时要准备好合适的衣物；带上雨具，避免暴晒；鞋袜尺寸要合适；不要长时间待在阴凉潮湿的地方；不要迎风爬山或下坡，以防止受凉生病等。在外出时如遭雨淋受凉，到家后可用姜、洋葱加红糖少许，再加水煎服，以祛风散寒。在睡前用热水洗脚，睡时将腿部适度垫高，可促进足上血液循环，并及时减轻劳累。

4. 最好有子女陪伴旅行，防止发生意外。老年人行动应谨慎小心，坐车、乘船、爬山等都要提前精心安排，并尽可能有人照看、随行。而外出时，老年人也应当尽可能避免走险峻的小路，切勿自行攀爬山林石壁，以防发生意外。

5. 注意饮食卫生。老年人在出外旅行时，体能的损耗很大，要适当加强营养，以增加抵抗力。而老年人消化系统吸收能力逐渐减弱，所以对于全国各处的美食等应以品味为先，每次都不能食用过多，更不能狂饮暴食，以防引起消化道疾病等。要注重食物卫生，不吃不洁、生冷的食物，以免病毒性肝炎、伤寒等疾病从口而入。旅途中的膳食应清淡，尽量少吃方便面，多吃绿叶蔬菜、果品，以预防慢性便秘。不吃不健康、不合格的食物，不饮用自来水、塘水和河水。尽可能到住地食堂吃饭，自带餐具和水具，这样既便利又有利身体健康。

6. 选取合适的旅游季节。老年人出行应尽量避开出游旺季和黄金周等高峰期，这样一方面能够减少因交通拥堵而产生的隐患，另一方面在淡季出行又可以节约车票、食宿等费用。同时对于老年人而言，气候太冷或者太热也不适合旅行，所以最好的时间，应当是春秋二季，百花齐放和秋高气爽的时节是老年人的旅行最佳时间。

7. 谨慎购物。旅行过程中往往有售卖纪念品或是购物环节。依照《旅游法》第 35 条的明文规定，游客对选购纪念品有完全的自主决定权，旅行社无权指定具体的购物场所或强制要求旅游者购买服务项目。尤其是对于老年人来说，出现类似情况要特别小心，并有权抵制旅行社和销售方的不合理条款。而一旦在旅行过程中因购买商品或是就旅行社售后服务出现争议，老年人首先需要了解旅行过程中的注意事项和法律法规，这会成为老年人自我维权的法律武器。同时旅行社在旅行过程中，作为服务的主要供应方或是管理方，按照《旅游法》明文规定的管理义务，也是有权要求老年人根据旅游合同的有关条款和地方习俗参加游览活动的。对于旅行社明令禁止的事项，老年人也必须加以严格遵守，否则，因出现意外而造成的人身安全或是经济损失也必须自负其责。而身为老年人的儿女，对老年人的旅行外出也应该予以一定的嘱托，毕竟老年人的健康平安才是最关键的。

8. 在新型冠状病毒肺炎疫情期间外出，严格遵守有关防疫法规。应避免前往中高风险地区，中高风险地区人员也尽量不要外出。最为重要的就是选择目的地和查看当地和出发地的出行防控政策，当然中高风险地区的人群应尽量少出门，原则上不建议离开本市。

第四章

老年人财产安全

一、防范电信诈骗和消费欺诈

（一）老年人如何防范电信诈骗

电信诈骗，是指非法分子运用电话、网络和短信等手段，制造虚假消息，通过设置诈骗信息，对被害人实行远程、非联络式诱骗，从而诱骗被害人打款或转账的行为。非法分子往往以假冒或仿冒、伪造等手段和各种其他形式的方法实现骗钱的目的，以假冒公检法机构、商家、公司、厂家、商业银行的人员以及各类金融机构人员，通过编造中奖信息、刷单、放贷、招工等多种形式实现诈骗目的。近几年来，由于科学技术的迅速发展，以及各种高科技工具的大量开发和广泛使用，电信诈骗现象层出不穷，给人民带来了极大的损失。电信诈骗一般都是利用被害人趋利避害和轻信麻痹的心态，诱骗被害人上钩而实施欺诈犯罪的。因此老年人在生活和工作中，应从下列几个方面提高警惕，增强预防意识，以避免上当受骗。

1.克服贪小便宜的思想，切勿轻信，谨防受骗。不劳而获是有风险的，天上也不会掉下馅饼。不法分子对老年人经常使用的诈骗手段包括中奖欺诈、虚假办理高息借贷、刷卡套现欺诈和虚构致富信息等，切勿轻信，一定要多了解情况并分析，以鉴别真假，避免上当受骗。

2.切勿轻易地把自身以及亲属的身份、联系方式等个人信息透露给别人。老年人一旦接到关于家人突发疾病或发生意外受伤，急需急救医疗费，或者朋友有急事求救的短信、来电，要认真核实，切勿着急或慌张。不能因为慌张就乱了阵脚，轻信骗子的话，更不能匆忙地把现金或存款全部汇入不法分子指定的银行账户。如果遇上"紧急情况"，要冷静下来，切勿慌乱，要看清楚、搞明白了再行事。最好联系电话或短信所涉及的当事人核对清楚，或者通过视频或询问其详细信息等方式证明来电人的身份。

3. 当出现疑似的电信诈骗事件时，切勿盲目轻信，要多作研究印证。尤其在收到有关培训通知、协助公检法部门调查、银行卡升级、企业招聘、婚介等来电、短信或微信的时候，要及时向有关单位、行业的工作人员或亲临其办公场所加以询问、核实，切勿轻信陌生来电和信息。正常情况下，培训类收费通常都是以现金形式支付或是对公转账，而不应汇入个人账户中。一些老年人，过去没有和公检法部门打过交道，只要记住，给自己打电话声称是公安机关、检察院或者法院等部门的，声称你涉嫌经济犯罪，身份证被盗用，银行账户有犯罪行为，要求配合调查的，就可以确定为电信诈骗。因为公检法机关不会使用电话、QQ 和微信工具办案。公检法机关也不会通过网络公布"通缉令""抓捕令"。而且，公检法机关并不会通过电话或短信等要求当事人提交有关信用卡和支付宝等的个人信息。另外，如果心中存疑，老年人可自己亲自到相关机关跑一趟核实一下具体情况，如果接到了信用卡泄密、需要升级等的来电，只要到银行营业厅一问，就什么都明白了。通常真正的银行工作人员会让你自己到银行去办理相应手续，并不是直接指示你在手机或电脑上办理。

4.正确使用银行卡和银行自动取款机。老年人若在银行的自动取款机上存取款，一旦出现银行卡被吞、现金无法取出等情形，必须认真辨别自动取款机的提醒，千万不可轻信，最好致电自动取款机所在银行的客户服务中心了解查问情况，通过和真正的银行人员取得联系来处理和解决问题。

5.积极防骗，检举诈骗，以避免他人受骗。老年人针对犯罪分子的诈骗电话，要及时向有关部门反映，以避免他人上当受骗，同时也要告知亲友、左邻右舍，加强防骗知识的宣传和教育工作。可以利用微信朋友圈和QQ群为亲朋好友做好防骗预警。虽然诈骗的方式层出不穷，不过只要你不贪小利，保持头脑冷静，冷静地处理，不仓促行事，如果拿不准时及时与亲友商量，不少受骗情况还是能够避免的。

6.下载"国家反诈中心"App。国家反诈中心，是国务院关于打击整治电信网络领域新型违法犯罪工作的综合行动平台，集资源整合、情报研究、侦察指挥于一身，在打击、预防、治理电信网络诈骗等新型违法犯罪中发挥着重要作用。"国家反诈中心"App，是一个能用来高效防范诈骗、快捷举报诈骗的应用软件，该软件里有大量的预防诈骗知识点，通过掌握其中的知识点能够有效预防各类网上诈骗，从而提升每个用户的预防诈骗能力。还能够随时随地向平台反映各类诈骗信息，从而降低不必要的经济损失。它的"反诈预警、身份验真、App自查、风险搜索"等核心功能，可以最大限度降低老年人被诈骗的可能性。

（二）老年人如何防范金融理财诈骗

诈骗分子一般以很高的理财产品收益来诱惑老年投资人，让老年人通过钓鱼网站转账或者直接转账等方法来购买各类的金融理财产品。除了许诺高额利润，诈骗分子还会用虚假广告宣传、发布虚假消息等一些手法来对自己进行包装，以诱骗老年人树立投资信心，引导其投资行为。而老年人通常由于资金理财专业知识与储备经验欠缺，无法辨别骗局，加之很多老年人有着渴望高额利润的心态，常常造成巨额财产损失。老年人防范金融理财诈骗，需要注意以下几个方面：

1.保护好与财产相关的物品及敏感信息

老年人要妥善存放银行卡和网银盾等安全产品，切勿给别人使用。不要用自己和家人的生日设置银行卡密码，密码也不能设置得过于简单，而应设定为"数字＋字母"等的复杂组合并不时调整，如果担心遗忘密码可以手写记录，但要将记有密码的纸张或笔记本妥善保管，以防丢失。银行卡号、身份证号、手机号码等个人隐私信息内容，也千万不能随便透露。短信验证码一般为支付密码，绝不能以任何形式泄露给他人。

2.老年人从事涉及金钱的网络活动时要注意以下几点：

（1）登录网上银行进行网络支付时要注意不要使用公共网络，如不使用网吧电脑，不在商场、饭店等公共场合用手机连接公共 Wi-Fi。

（2）不在电脑或手机上点击不明网站链接，切勿用手机扫描不明二维码。

（3）切勿轻信来电、短信、QQ、微信中的所谓司法协查、信贷验资、购物退款、积分兑现、中奖退税等消息。同时，登录网站查询或办理相关事务时，要弄清官方网站网址，以防登录假冒网站。

（4）要随时关注银行账户变动，开通银行账户变动的短信、微信提醒服务。在办理电子银行业务转账、消费等交易过程中，要认真核实收款账户、商家、交易金额等信息内容是不是真实的。

（5）要对手机和个人电脑进行杀毒。用于电子银行交易的电脑、手机要安装专门的杀毒软件，并及时升级软件，定期查杀病毒。如果老年人不懂如何操作，可让家人帮忙操作。

3.老年人从事投资活动要时刻保持清醒头脑

老年人每时每刻都要保持平静的心情，对利润过高的金融产品一定要提高警惕。而老年人也要做好基本知识的学习，务必要擦亮眼睛。老年人要在学会最基础的金融市场相关知识，并全面熟悉金融市场状况后再进行投资。而老年人在选择理财产品时，也应该寻找正规渠道投资，看该公司究竟是不是专业的理财服务公司。对于经营金银、外汇等业务的企业，不但要查询其营业执照，还要直接在官方网站上查看其是否具备交易资格。而老年人在寻找代理商、经纪服务业务时，也要仔细核查对方的从业资质，不要全权委托，也不要直接、轻易地把交易密码泄露给他人。唯有提高了自身防范意识，才能切实防止这种欺诈事件的再次发生。

4. 老年人要了解常用的金融常识

首先，要看理财产品收益是不是合理。金融诈骗总是以高收益率、高利息为饵，一旦看到产品中约定的收益明显超过同期、同类别产品的实际收益，就一定要提高警惕。因为高收益率就代表着高危险。如果理财收益达到百分之六就要引起警惕了，达到百分之八就说明风险很高了，而达到百分之十就很有可能是骗局。如果是合法正规的投资理财，可能会有百分之六、百分之八这么高的回报率，但是这类产品往往风险较大，所以如果要投资这类产品，要做好遭遇巨大损失的心理准备。

　　另外，高额收益中也可能隐藏着金融诈骗，老年人一定要自觉抵御诱惑。在出现与金融服务相关的问题时，老年人也可以去金融机构进行询问，或者通过正规金融机构的热线电话询问；也可向当地监管机关询问。因此，如果有人给你介绍了一种保本且高收益的理财产品，你可以及时咨询附近的商业银行，询问是否有同样期限、相同投资门槛的产品，并对其收益做出比较。若出现了一个完全陌生的机构或产品，就必须要登录监管机构（如银保监会、证监会）的官方网站进行核查。商业银行、保险公司、证券公司、基金公司等都是经监管机构依法核准而成立的，推出的各类产品需要经过官方审批。可以查看金融机构是否有经营许可证，查看金融机构的产品是否合规，查看金融机构的广告内容是否合法、合规。因为金融广告内容也被政府依法严格规范，夸大收益、虚假广告、无条件承诺等内容都是违规的。

　　综上所述，诈骗分子通常利用老年人欠缺金融常识、贪图高额利润等弱点而实施诈骗，只要老年人理性对待投资和收益，仔细掌握并认真学习金融的基础知识，就能准确识别哪些才是真正合法合规的机构和金融产品，哪些是不法分子实施的金融诈骗。同时，人们如果遭遇金融诈骗，在保障好自己财物安全的同时，还应及时报警。

（三）老年人如何防范保健食品消费陷阱

保健食品，是指具备一定医疗保健功效或者以补充维生素、矿物质等营养素为主要目的的食物，适合于特殊群体食用，可以调整机体功能，不以治愈疾病为主要目的，而且对身体不会造成任何急性或者慢性危害。符合国家相关法律和标准的保健食品，一般需要通过国家委托的权威检测部门的检验，经国家保健食品监督管理机关批准后发放国家保健食品批准证书，并取得相关的保健食品批准文号。相关文书在 2003 年之前由原卫生部颁发，2003 年以后由原国家食品药品监督管理局颁发。现在采取登记和审批的双轨制，由国家市场监督管理总局颁发。缺少这些政府部门颁发的保健类食品批准文号的商品，就不能作为保健食品售卖。部分保健食品厂家利用老年人追求健康的心态，为牟取不法利润而设置消费陷阱。目前保健食品欺骗与虚假广告宣传陷阱主要有如下几种：

1. 免费体验藏猫腻

一些不良企业利用微信群、QQ 群发布推广资料，声称附赠免费礼物、赠品和红包，以诱导老年人选购保健品。甚至在商场超市门口等人流聚集的区域，通过"免费抽奖"等营销手法，让老年人获得"优惠购得某健康食品"的大奖，以诱导老年人购买保健品。而部分商户还会举办免费旅行活动，在旅行途中会对老年人进行体检，并谎称部分老年人有很大的疾病风险，借此推销其声称可以治疗疾病的产品。

2. 冒充专家骗信任

某些不良商家通过虚假包装、宣传"假专家"赢得消费者的信赖。如举办保健讲座、健康体检或上门推销活动，由假专家进行一对一的"诊断"，解释健康体检报告，夸大健康体检结果的严重性，再顺势提供解决办法，如使用特供产品治疗，进而实现以高价推销产品的目的。

3. 病友扮"托儿"假关心

有些商家也会运用病人之间的同理心，雇用"托儿"现身说法。例如，利用"托儿"的"亲身经历"宣扬保健产品的功效，把普通食品渲染成能治愈疾病的神药，以诱导老年人大量购买。

4. 上门服务，温情麻痹

根据部分老年人已离开儿女，生活孤独落寞的特征，一些不良无信的保健品企业的员工，大打亲情牌，利用所谓亲情服务与老年人构建起长期信赖关系，用温情使老年人麻痹，并伴随高额销售，让老年人"无从抗拒"，"心甘情愿"地自掏腰包购买作用被明显夸大的暴利保健食品。

5. "公益"陷阱

一些商家利用由政府部门举办的"爱眼工程""爱耳活动"等，谎称产品有政府补贴，诱导老年人购买保健食品。或声称"低价购买"名额有限，使老年人产生"如果不马上购买就会买不到"或者"今后的购买价格会比当前的购买价格高"的错觉，产生焦虑，落入虚假宣传的消费陷阱。

6.电视购物洗脑宣传

电视购物的重点消费群为老年人，其中消费者投诉的重点问题有商品质量、虚假广告宣传、售后问题等。老年消费者须转变传统观念，明白电视台广告营利的本质，切勿轻信电视购物的诱惑，对咆哮式、洗脑式的营销手段要有清醒认识。

7.宣传夸大的疗效

有些不法商人组织公司员工，到集贸市场、菜市场、公园、诊所等老年人较集中的地点进行宣传，并谎称受医生委派，正在进行一项老年疾病普查的社会公益活动。活动中，主办方请老年人填写"健康普查表"，与他们攀谈，掌握老年人的家中人员组成、家庭收入、健康状况等，圈定"潜在顾客"，向老年人推销产品，有针对性地夸张产品功效，诱骗老年人花高价购买。有些不法保健食品广告常常夸大宣传产品功效，使用"绝对化"的术语，进行不实许诺，并宣称商品能够治愈某些病症，从而欺诈、诱骗老年消费者。

当老年人认清了以上几类保健食品欺诈和虚假宣传陷阱之后,要学会理性购买保健产品,需要注意以下四点:

1. 看经销商家的资质

老年人要在证照齐备的正规商家选购商品,尤其要关注商家有无营业执照和食品经营许可证。采用会议、电视、直销、电话和互联网等方法选购商品时,也应先核实商家的资质信息。

2. 查外包装和说明书

首先,老年人要认准正确的保健食品专属标志,正规的保健食品厂家会在商品的外包装盒上标明天蓝色的、外形像"小蓝帽"的保健食品专属标志。其次,要根据保健食品的外包装材料加以甄别。保健食品外包装盒上应当写明保健食品名称、生产单位、保健食品批准文号、主要原料、功能成分、保健功能、适合人群(不适合人群)、生产日期、保质期、注意事项等内容。要做到"四不":不能购买无厂名、厂址、生产日期和保质期的商品;不能购买在标识上缺少食品生产许可证号的食品；不能购买在产品标签及说明书中提到可防治慢性病或具有特殊医疗功效的食品；也不宜选购产品标签上缺少保健食品批准文号，但宣称是保健食品的产品。

3. 对于网络广告和宣传的内容要谨慎对待

老年人要科学、理性地对待食品、保健类食品的各类广告和宣传，凡是宣称具备疾病防范、治疗等功效的，一概不要购买。保健类食品广告宣传中未声明"本品不可替代药品"的，一概不要购入。正常的保健食品广告，会在刊发时标明广告宣传审核批准文号。切勿盲目参加以销售为目的的知识讲座、专家研讨会等。发现食品欺诈和虚假广告宣传等违法违规行为，应及时投诉或举报。

4. 及时维权和投诉

如发现假冒或不合格保健食品，老年人可以找市场监督管理部门举报、投诉和维权，记得保留购买的保健品的包装、票据，记录销售公司名称、地址等相关信息。当商家在不同形式的广告上宣扬自己的商品已经"治好了"某种病症时，就涉嫌虚假宣传问题，老年人就有权向市场监管机关举报，在举报的时候最好提供图片、录音、视频等有关证据。一旦碰到设圈套让人购买天价保健食品并诱骗汇款的，应该保存有关证件，及时报警求助，因为这已属于诈骗等严重违法行为。

（四）老年人如何防范旅游消费陷阱

近年来，由于生活条件的提高和居民消费意识的变化，中国老年人旅游消费市场发展得很快，老年游客数量目前已经超过了国内游客总人数的百分之二十，旅游业态和人们旅游消费的方式也有了多样化的特点，随之形成的旅游消费市场中的消费陷阱也是花样翻新、层出不穷。如购买车票后被"搭售"保险；微信里报团被坑后无处申诉；花几万元购买游客消费套餐结果旅行社卷款跑路。出行前，旅行社揽客方式五花八门，所谓的推销秒杀频现，让旅游消费者反复"中招"。出行中，《旅游法》虽然明确规定禁止强制购物，但导游和购物商家又玩起了引诱式购买，游客群体"被忽悠"的现象广泛存在。同样，大数据分析"杀熟"、机票和饭店超售等营销模式，也让旅游消费者防不胜防。老年人在旅游消费中可能面临的一些消费乱象和陷阱，具体有如下几类：

1.微信揽客。微信群、QQ群、老年协会、药店、保险公司等非旅行社举办的"活动"均有可能涉及无证揽客，这些并无旅游业务经营资格的个人或公司在组织老年人旅游活动时必然面临着很多的经营风险，而老年人在事后维权上也将愈发困难。因为被投诉方并不归旅游主管部门管理，出现了侵权情形，老年人只能去找当地市场管理监察部门投诉。

2.秒杀陷阱。近年来，各大旅行电子商务网络平台为招揽旅游者，不断推出特价、秒杀等促销活动或优惠促销活动，而旅游消费者们通常根本抢不到，就算抢到了也会被通知有各种旅行条件上的限制。部分旅行电子商务网络平台先低价招揽生意，最后再将经营责任的"皮球"踢给网站平台商家和航空公司，这种"套路"屡见不鲜。目前各大网络旅游企业已鲜有大面积"烧钱"让利的情况发生，这时旅游消费者更应谨记"天上不会掉馅饼"这个硬道理。

3.免费旅行的购物陷阱。有些保健品公司抓住老年人"渴望免费"的心理，打着"免费旅行"旗号，为推销产品而组织"免费旅行"。在旅游过程中给老年人免费做体检，每人都能找出一堆"疾病问题"。

4.低价背后的价格陷阱。部分旅行社为了利用老年人的节省心态，往往会以"团购价""低价团"等广告宣传来招揽老年游客上门，但签订合同时又调高旅游项目的定价。实际上，低价团旅游出行中所包括的景区大都免票，或只包括第一道门票，缆车或景区车辆等均要自费，一些精彩的、收钱的景区会被列入"自愿自费"项目并写入合同。老年游客要明白羊毛出在羊身上，不少报价行为后面暗藏"杀机"。在现实旅行中增加了景区的门票费，增加了行程中的交通费、景区交通费等，事后把花费计算一下，反而是正常报价的几倍。

5.坐地起价。在旅游过程中，有些旅行社利用老年人人生地不熟，不敢维权的心理，违反旅游合同，针对旅游项目毫无根据地漫天要价。靠坐地起价赚钱就是一时的交易，要想实现长久的良好运营，信用和口碑尤为关键。而老年游客在遭遇侵权行为时要勇于维权，在第一时间向当地政府旅游主管部门投诉，切莫助长不法商人的气焰。

6.景点游览"走马观花"。老年游客在旅行中会发觉许多景区不像事先广告宣传上讲的那么迷人，其实无非是过路景区和广场型景区。

7.导游串通当地人，联手"宰客"。如导游先告知当地商户所携载的参观团来自哪里，然后商家再以老乡为名与老年游客套近乎，花言巧语骗其以高价购买低价商品。

8."人头费""回扣"等猫腻多。旅行社导游带领客人进入旅游商店购买商品，而商店根据游客的数量和购物状况付给旅行社和导游相应的"人头费""回扣"。

9.巧立名目，另收费。部分旅行社在旅游合同中载明在某个景点老年游客可以参与互动活动，可是到了实际游玩过程中却不是游客自己参与，游客自己想亲身体验还需另外掏钱。

当老年人认清了以上几类旅游消费陷阱之后，要学会防范，需要做到以下几点：

1. 选定有资格的专业旅行社。老年人在旅行前要注重收集有关资讯，并做好功课，挑选资格全、声誉好、抱怨少的旅行社，切勿轻信微信群、QQ群等非正规途径，以及街边小广告的宣传。

2. "免费旅游"不可信。天下绝没有免费的东西，而白来的东西必然存在极大的风险，因此老年人要警惕保健品商家所举办的"免费旅游"活动。其目的都是做商品促销，一旦参加，往往会多出很多不必要的花费。

3. 不被"低价团"所诱惑。旅行社的定价应当是游客自己负担交通运输、食宿、用餐、门票等费用时支付金额的八成左右。这是由旅行社和航空公司、宾馆以及景点等服务单位之间的不成文协议规定的，优惠幅度一般在5—7折之间，在此基础上再增加一至三成的利润，这才是最真实的、科学合理的报价区间，远低于这个区间的报价必然会带来消费陷阱。所以，广大老年游客要理智地面对旅行社的宣传，在选择旅行团时综合考量旅游天数、旅行距离、交通工具、旅游景点、服务单位等因素，切勿把价钱当成唯一的考量因素，贪图便宜，被所谓的"廉价团"所"忽悠"，以致在旅游过程中发生经济损失。

4.谨慎签订合同。老年游客要认真查看旅行社所给出的服务条款、行程等，对交通、住宿标准、自费项目、旅游景点等要仔细了解、询问明白。在出行之前，一定要查询有关旅馆、餐馆、旅游景点等的信息，在旅行中也要对比价格是否与合同上的相符，如出现严重不符的情况，要保留相关证据，及时向有关部门举报。

5.谨慎购物。冲动是魔鬼，老年人在旅行过程中要学会合理购物。在旅行中选择当地特有产品，一般应该自己到当地专业市场选购。在旅行社推荐的土特产品商店购物时要保持头脑清醒，明白自己为何来购物、实际需要多少，切勿被导游和店主的游说所迷惑，冲动选择那些自己基本用不到的、品质不能保障的产品。尤其是选择金、银首饰、玉石等名贵产品时更要谨慎，尽量不要买价格高昂且自己不熟悉的商品，否则一旦出现消费纠纷，很难维护自己的合法权益。如在旅行社安排的购物商店里选购到假冒伪劣商品，老年游客有权请求商店立即退换，而旅行社也有责任、义务进行配合。但按照法律规定，"商店拒绝退货"的理由无法成立，则旅行社可以先期赔付给游客。正规旅游协议中会清楚标明自费项目和商品店的数量、名称、日期、费用包含比例。但如果导游私自增加购物项目或延长购物时间，要注意保存证据，并依照协议条款和旅行社协商维权。

6.合理合法维权。老年人在行程中一旦遇到旅游消费争端，可先和组团旅行社的全陪导游、领队以及目的地接待旅行社的导游多交流，在无法处理时，再和组团旅行社取得联系，要求妥善处理。要适时向他们表达自己的看法和意见，在得到旅行社的回应后再做出决定。如果旅行社拒不接受意见，则应当注意搜集证据，待旅游结束后再向旅行社的监管机构或政府相关机关申诉，或经由法律途径处理。如客观条件允许，也可现场和旅行社交涉，争取相应的合理补偿或赔偿，并继续完成后续旅程。

二、防范盗窃和抢劫

（一）居家老年人如何防盗

1.为陌生人开门时要谨慎。老年人听见有人叫门时，应先从猫眼里往外看，看到陌生人时切勿着急开门，并可隔着防盗门问明其身份和到访目的。对于声称是销售员、抄表员或者家人亲友的陌生人，要保持谨慎，切勿随意开门。上门服务、保养维修家电设备等事项尽可能提前约定，在公休日和家里人较多的时间内完成。如有陌生人想借用家里电话时要婉言拒绝。

2.安装暗插销防盗。除门锁应安装保险锁以外，也可在门锁的上下方各安装一条暗插销，在睡前把暗插销插上。若门锁被人撬开，也有暗插销阻挡，窃贼依然进不来。

3.钉个铁钉以保证安全。在没有安装防盗锁和防盗门的情形下，防止偷盗分子使用软插片从门缝中拨开锁舌，是家中防盗需重点关注之处。在门舌外侧的门框上钉一个铁钉，同时保留部分凸起空间，并让铁钉露出木头部分的宽度，刚好可以填补木门和门框中间的缝隙。这样一来，当片状物体进入时，就首先碰到了铁钉这道防御屏障。这种细小的设计，既不会妨碍门锁的正常运用，也可以更有效地防止片状物体的插入，使盗贼不易得手。

4.斜坡木枕可防贼。对独居老年人而言，为避免坏人利用插片拨开门锁入室行窃，老年人可将一个三角斜坡木枕顶住房门，费用相对低廉，且简便易行，可使盗贼无法得逞。

5.使用品质有保障的防盗门。应该选择有鉴定书的专业厂商制造的防盗门，切忌在街头定做。在施工时，应把防盗门尽可能往门孔内安置，不要留下撬棍着力点。还要注意窗户、门体质地是否结实，门缝有没有密封。要做到一看二摸三查。一看：防盗门门框的钢板厚薄要在两厘米之上，门身厚薄要在二十厘米之上，防盗锁具应该是经过公安部门检验合格的，锁体周边还应该装有加强钢板。二摸：防盗门的外观通常为烤漆或喷漆，手感细致光亮，整体重量重、硬度高，通常在四十千克之上。三查：查看是否有公安部门颁发的安全检验合格证书。

6. 门后设"机关"。老年人晚上入睡前应该将一个较大的木块或空酒瓶等易发出声响的东西安放到门后，当窃贼撬门入室时便会产生很大的声响，会将老年人惊醒，同时吓跑盗贼。

7. 巧装门框角铁。将一个角铁用螺丝钉安装在门框上，既能保护插片，又能防踢、防撞门，还能够将角铁与警示器连接，如果有其他物件插入就会发出声音，简单易做，功效明显。

8. 保护过道小窗。盗贼们往往用撬棍把过道门窗的铁条的焊点撬裂，扳开铁条后翻门窗进屋行窃。可在所有的小窗户上对铁栅加以改造，再用一个扁铁紧固在原来的铁条或焊疤上，每一个都焊接牢固，逐个连接融为一体，若未能各个击破，则盗贼将无隙可乘，这样就起到了防盗的目的。

9.巧用窗帘。小偷们往往会利用窗帘来确定家里是不是有人，从而上门行窃。但并不是将全部窗帘都拉上，把家封个严严实实才安全可靠。老年人平时外出或举家出游时，应该选取屋内不起眼的位置，如过道、厨房的窗口等，不拉上窗帘，又或者不将客厅、卧室窗帘全部拉上，而是露出一道缝隙，并利用室内物体遮挡视线，让小偷觉得室内有人，而不敢轻举妄动。

10.单扇移窗防盗法。现今，不少房子的门窗都是用单扇移窗，睡觉时闭起来闷得慌，而敞开门窗入睡则觉得不安全。因此，可在移窗的滑槽里放入材质较坚固的填充料，如木条、石条、砖条等。要使移窗时开启的长度低于一个人能够钻过的空隙，这样的话小偷就进不来了。

11.窗户围栏防范法。首先，围栏铁栅间距只有低于十六厘米才钻不进人。其次，围栏必须要做成"井"字形，这样就算盗贼把铁质围栏弄断二三根也不能达到让成年人穿过去的效果。再次，铁质围栏的材质应尽量采用不锈钢，里面再套上一根钢筋，这样做成的围栏既漂亮又坚固。最关键的是不能忘记留下一个逃生通道，如果出现火灾或地震等危险时可以及时逃离。

12. 在装修过程中加强防盗意识。对装修施工人员的身份证做好记录、核对，并保留好复印件，尽量避免透露家庭财物状况。在装修后，应尽快调换门锁，以免不法分子趁机行窃。老年人独自在家时，不要让装修工人进屋。曾经来家里装修的施工人员再次上门时，要提高警惕，以避免不法行为的发生。

（二）老年人遭遇入室盗窃或抢劫时如何应对

一旦小偷已经进入家中，老年人可选择以下措施来尽可能地降低损失。

1. 若家中有其他亲人，首先一定要摸清盗贼数量和武装实力，弄清楚敌我之间各自具有的应对冲突的能力，然后冷静思考对策，唤醒和集中家人，并迅速找到手机或电话报警，尽可能准确简洁地将当前的状况告知警方，并及时准备好拖把、棉被等物品，作为装备用于防御或自卫。若家人的对抗能力具备一定优势，能够达到制服歹徒的程度，一旦匪徒负隅顽抗，则迅速将其制服扭送公安机关。一旦双方能力基本相等且产生正面冲突，则首先要保护儿童、老年人和妇女不被攻击和受伤，同时可以顺手抓起身上的东西掷向匪徒，或用硬物击打门窗玻璃向社区人员报警，或喊话，或直接冲出屋外进行求救。全家联合把歹徒制服后，决不可心慈手软，应在控制住场面后及时报警，等待警方赶来做后续处理。

2. 如果只有老年人一人在家，或者匪徒持枪抢劫或多人持利刃时，切莫盲目呼救，在个人还没能制服匪徒的情形下，不妨尽量做出顺从于他的样子。但这时一定要保持冷静，切莫做出无谓的抵抗，以避免受伤甚至死亡。保护生命比其他事情都重要。同时，还要仔细观察匪徒的动作神态，若遇到蒙面匪徒，要记住匪徒的身高、服装、口音、行为等特点，给公安人员提供破案线索。

3. 事后处置。老年人如果遭遇入室盗窃或抢劫，应立即保护现场，并积极向公安刑侦机关提供线索，以有利于刑事案件的侦查。在歹徒犯案逃跑后，一定要小心保护现场的痕迹不受破坏，歹徒用手摸过的东西也不能立即归置，须等公安民警提取现场证据后再作适当处置。由于很多入户偷盗或抢劫犯罪是被害人的熟人所为，或者犯罪分子熟悉被害人的家庭成员，因此案发后被害人应当尽可能回想在案发前碰到的可疑人、可疑事件，并注意对比歹徒与自身周边熟人的口音、行为、体貌特征等有无相似，为公安人员提供破案线索。在条件许可的情形下，应留意歹徒逃跑时的方向与路线（包括是否驾车等情况）。

（三）老年人外出时遭遇盗窃或抢劫时如何应对

1. 在公共场所，钱包等贵重物品被抢时，可以量力反抗。老年人在自身条件许可的情况下，就应该启动攻势，以制服敌人，或者与作案人周旋，并利用良好地势以及周围的砖块、木棍等能够自卫的"武器"，与对手建立僵持局势。如若确实无法与对手抗争，也应该看准机会，向有人、有光线的地点跑动，尽可能保证自己的生命和健康安全。

2. 巧妙麻痹对方。大部分老年人年老体弱，在此情况下应尽量避免直接反抗歹徒，但可以按照对方的要求交出部分财产，让对方放松警惕，从而寻找机会加以反抗或逃离其掌控。可采取间接的反抗办法，趁其不注意在对方身上留下标记，如在其衣物上擦点泥巴、鲜血等。同时，应注意仔细观察，尽可能准确记录其特点，如身高、年龄、体形、头发、服饰、语言、动作等，并在脱离险境后及时报案。

3. 在外出过程中加强防范意识。（1）在下班后，特别是在深夜回家时，尽量不要携带大量贵重物品，即使携带，也要装好放好，不要轻易暴露。（2）夜晚出门或深夜回家，最好与人结伴同行，同时也不能贪图路近而经过冷清、狭小、昏暗的小道或街巷，更不能在较偏僻的地点逗留。（3）在走进楼道时，应该事先注意身后是否有可疑人在尾随，若出现了可疑人，就应该及时和家人取得联系，并由家人过来接应。（4）在金融机构存、取巨额现金时，一定要有人护送，在路上要小心，不能暴露现金。

4. 在外旅游时增强防范意识。（1）对同行的陌生人不能过分亲密，在旅行中也不能有问必答，不能自我吹嘘，更不能让陌生人得知自己正携带巨款和名贵饰品等，以防别人起歹意。（2）绝对不能接收同行陌生人请吃的食物，要委婉拒绝，但态度必须要坚决。（3）绝对不能被色相所诱惑，也不能贪图便宜，以防遭劫遇害等。（4）绝对不能相信陌生人的"特效药"可以治愈自己突然出现的病情。

5. 防范飞车抢劫。（1）注意严格遵守通行规则，不要在机动车车道上行走，不要将手提包置于机动车车道一侧。（2）对两人以上骑摩托车的和车站闲散人等应多加留神。（3）如遇形迹可疑的行人尾随，可进入附近单位、店铺内，设法避开尾随者或随身携带哨笛、小型鸣声器和简单的报警仪器，以便求救。（4）财物绝对不可外露，更不能一边走路一边旁若无人地打手机，手机尽量装进口袋里。（5）对那些无牌照或使用外地号牌的摩托车，如长期在银行、大型超市等的门前停放而未将发动机熄火的摩托车，或者长时间在自己身边慢行的，以及两个或以上成年男性同乘一部摩托车的，要特别警觉。

第五章

老年人防虐指南

由于全球人口老龄化的程度日益加深，再加上传统家庭结构的改变，老年人受虐待已变成了全球性的议题。在不少国家，虐待老年人一直是一种极易被忽视和被否定的问题，这不但使老年人身心遭受严重伤害，甚至产生精神疾患，形成社会隔阂，更损害了老年人的合法权益。虐待老年人现象逐渐成为全球日益关注的社会话题，在2000年世界卫生组织(WHO)已把虐待老年人问题列入最重要的议题。

一、老年人被虐待后如何维权

（一）虐待老年人如何定义

国际上最广泛认可的"虐待老年人"概念来自世界卫生组织。世界卫生组织将"虐待老年人"界定为："在一切理应互相信赖的社会关系中，造成老年人遭受损害或疼痛的单次或反复行为，又或由于没有适当行动而造成老年人遭受损害或疼痛。这种家庭暴力是对人权的严重侵害，包含人身、性、心灵、精神情感、财物方面的侵害，被遗忘、漠视以及严重失去尊严。"基于这一界定，欧美学者通常将"老年人虐待"分为身体虐待、精神虐待、经济虐待、疏于照料、性虐待、忽视、遗弃等。尽管在欧美国家，学者早已对老年人虐待的概念和类型进行了深入探讨，但老年人虐待事件根据不同的社会文化背景而有不同解读。

在我国，基于我国的实际国情和有关立法规范，虐待老年人更多地是指用较残忍的方法导致老年人身心上受到严重损害，这与欧美国家学者概念中的老年人身体虐待的情况基本相同，但关于老年人精神虐待、物质虐待以及疏忽照料老年人的情况，在中国法律有关规定中虽有体现，但就其行为是否构成了虐待老年人，却并没有做出明文规定。所以，目前中国学术界对"老年人虐待"所下的定义为：在家庭赡养或机构养老过程中，因负有赡养和照料责任的家庭成员或养老机构的作为或不作为，造成对老年人的严重侵害，包括身体虐待、精神虐待、经济虐待和疏于照顾。

1. 身体虐待：指暴力行为、不合理地限制人身自由、剥夺睡眠时间等，或在行为方面限制老年人，例如给老年人穿戴不洁的衣物等，使老年人失去尊严和在日常生活事务上的自由选择权；故意不进行适当的看护；强迫进食或者任何形式的体罚；不合理的禁闭、恐吓，以及剥夺必要的生活供养条件等导致老年人人身受到严重损害的行为。

2.精神虐待：指采用胁迫、恐吓、辱骂、嘲讽、殴打、威胁、孤立等语言或非语言上的虐待形式导致老年人精神创伤的行为，如：在有其他人在场的情形下，侮辱老年人；无视老年人所说的话，对老年人不理不睬；用削弱老年人人格、尊严和自身价值的语言攻击老年人。

3.经济虐待：包括私自利用或不正确地利用、侵占老年人的财物或资金；未经老年人批准，私自动用老年人的资金、财产和物资；强制老年人修改遗嘱或其他法律文书；当老年人需要用到自己的钱财或者物品时，无理地加以限制。具体表现为：不给老年人必要的生活费用；不让老年人使用自己的钱和财务；让老年人卖掉房子，甚至强行占用老年人的房子；在老年人的养老金或存款的使用上，不与老年人商量，或违背老年人的意愿，损害老年人的利益等。

4.疏于照顾：指赡养者或看护者无法满足老年人的基本生存需要，如不供给老年人合理的膳食、清洁的衣物、安全适宜的居所环境、完善的医疗保健和个人基本卫生条件等；限制或影响老年人和他人相处；不供给老年人必需的生活辅助器具；使老年人遭受身心上的创伤；没有做好必要的监护；过量给药、给药不足或扣留药品等。

（二）目前我国法律对禁止虐待老年人是如何规定的

目前在我国的《宪法》《刑法》《老年人权益保障法》《反家庭暴力法》中都有关于禁止虐待老年人的规定。

1.《中华人民共和国宪法》和《中华人民共和国老年人权益保障法》是保障老年人合法权益的基本法律。前者明确规定禁止虐待老年人，后者也明确规定禁止歧视、侮辱、虐待、遗弃老年人。

2.《中华人民共和国刑法》对虐待罪作了具体规定，如果虐待家庭成员（包括老年人），视违法情节和损害后果，分别处以不同的刑事处罚。如果虐待老年人情节恶劣的，处以两年以上有期徒刑、拘役或者管制。虐待老年人导致其重伤、死亡的，处两年以上七年以下有期徒刑。但需要注意的是，虐待行为没有导致老年人重伤、死亡的，只有老年被害人自己向法院起诉，法院才处理。虐待行为导致老年人重伤、死亡的，则由人民检察院向法院提起公诉。

3.《中华人民共和国治安管理处罚法》对家庭成员有虐待老年人行为，但其违法情节和损害后果不致触犯刑律的，规定了处5日以下拘留或者警告。具体包括两种情况。一是家庭成员虐待老年人，被虐待的老年人要求公安机关对施暴者予以处理，二是家庭成员遗弃没有独立生活能力的老年人。此外，该法还规定，任何人殴打或者故意伤害年满60周岁的老年人的身体的，处10日以上15日以下拘留，并处500元以上1 000元以下罚款。因此，如果家庭成员或其他任何人对老年人有虐待、殴打或伤害行为的，老年人可以向公安机关寻求帮助，公安机关根据违法情节和损害后果，可以对施暴者实施拘留、罚款或警告的行政处罚。

4.《中华人民共和国民法典》也规定了禁止家庭暴力，禁止家庭成员间的虐待和遗弃。这里的家庭成员也包括老年人。

5.《中华人民共和国刑法修正案（九）》中规定，养老院、福利院和敬老院等养老服务机构中对老年人负有看护、监护职责的人员（如护工），对老年人有虐待情况，情节恶劣的，将会处以三年以下的有期徒刑或者拘役。如果养老服务机构虐待老年人情节恶劣的，对养老服务机构处罚金，并对养老服务机构的主管人员和其他直接责任人员，同样处以三年以下的有期徒刑或者拘役。

6.《中华人民共和国反家庭暴力法》作为中国首部反家暴法，于 2016 年 3 月 1 日起正式实施，该法对家庭暴力的范畴、预防、处置和法律责任等都做出了规定，让清官难断的"家务事"有了法律依据。而老年人作为家暴的主要受害群体，今后一旦遭遇子女、护工等人的殴打、辱骂、恐吓等虐待行为，都可以拿起法律武器保护自己。

7.《养老机构管理办法》规定，养老机构如果有侵害老年人人身和财产权益等虐待老年人行为的，由民政部门责令养老机构改正，并给予警告。如果养老机构虐待老年人情节严重的，由民政部门对其处以 3 万元以下的罚款。如果养老机构及其工作人员虐待老年人的行为构成违反《治安管理处罚法》的，依法给予治安管理处罚。如果养老机构及其工作人员虐待老年人情节严重构成犯罪的，依法追究其刑事责任。因此，该《办法》明确了入住养老机构的老年人如果遭受虐待，养老机构应承担相应的行政责任或刑事责任。

（三）老年人被虐待后如何维权

目前老年人遭到虐待的情形大多出现在家庭内部，《中华人民共和国反家庭暴力法》对单位、居（村）委会、社会工作服务机构等各类组织在反家庭暴力中的职责和义务作了明确的规定，《治安管理处罚法》、《刑法》等法规也做出了相应规范，这些规定对老年人受虐待后如何维权给予了明确的指引。

1. 暂时隔离。老年人在遭受虐待后，第一时间需要采取的保护措施便是离开加害者，并移至其孩子或亲戚家里居住。与虐待者之间的临时分离，既能够确保老年人不会遭受进一步的侵害，又能够给对方必要的思考时间，在这个过程中，虐待者可以有时间、有条件反省自身的言行。其次，老年人也需要立即前往医院处理问题，不论是人身暴力还是语言暴力都会给老年人的心理健康埋下隐患，所以为自身健康考虑，老年人应该马上就诊。如果老年人为无民事行为能力人（绝对无法辨认自己行动的精神病患者）或者限制民事行为能力人（无法充分辨认自己行动的精神病患者），或者因家庭暴力而身心遭受重大损害、有严重人身危险和陷入无人照顾等危险状况的，公安部门有权告知或配合民政部门，为其安排到临时保护地点、救济机构和社会福利组织。

2.改变观念。我国历来讲究家丑不可外扬，但虐待者常常由于老年人的隐忍而肆无忌惮。老年人需要适时转变观点，及时让加害者意识到自己的错并采取行动纠正，这才是维系家庭和睦的正路。针对情节较为轻微的家庭暴力或是偶犯、初犯，老年人还可向其亲人告知实情，并由其亲人出面进行协助规劝，将暴力事件及时消除在家庭之内。但一旦家中内部问题无法处理，老年人就需要外界人士的帮助，农村居民可向当地村委会，城市居民可向当地的居民小组、街道办等单位反馈有关情况，由专业人士进行协调解决。另外，老年人还可向全国各地民政局、妇联以及维护老年人权利的社会公益团体等单位寻求支持。

3. 寻求公安机关的帮助。一旦虐待老年人的情况持续或情况特别恶劣，老年人可通过向居住地公安部门举报求得支持，并请求对加害者予以处罚。公安部门在收到家庭暴力举报后也应该及时出警，制止家暴，并根据相关法规调查取证。但需要注意的是，在请求公安部门工作人员及时介入调查时，老年人也必须拥有相应的证明。所以在报案之前，老年人最好去医院接受一次身体检查，由医生提供伤势诊断。公安部门在出警后，也应该积极配合受害老年人的就诊、伤情评估。遭受冷暴力或家庭语言暴力的老年人，更需要提供有关的书面诊疗材料作为证明。家暴情节较轻微，但治安管理部门不做出治安管理处罚的，由公安机关对加害人予以批判教导，或开具告诫书。告诫书中应该含有加害人的真实身份信息、关于家暴的犯罪事实描述、制止加害人继续实行家暴等内容。公安机关的责任人，必须及时将告诫书转给加害人、受害者，并告知村（居）委会。村（居）委会、派出所有权对接到告诫书的加害人、受害者实行查访，并督导加害人不再继续实行家暴。

4.申请人身安全保护令。老年人因受到家暴或遭受严重的社会现实危害，能够向有关部门提起人身安全保护令的，有关部门必须受理。老年人因为是无正常民事行为能力人、限制民事行为能力人，或因遭受胁迫、恐吓等因素而无法提起人身安全保护令的，其近亲属、公安部门、妇女联合会、村民委员会、居民委员会、社会救助机构等可代为提起。人身安全保护令必须以文字形态提交；文字形态提交确有不便的，也可以口头提交。公安机关接受请求后，必须在72小时内做出人身安全保护令或撤销请求；情形特别紧迫的，必须在24小时内做出。

人身安全保护令一般可以包含如下措施：（1）制止施暴人进行家暴；（2）制止施行强暴人猥亵、跟踪、接触申请人以及相关近亲属；（3）责令实施强暴人立即搬出申请人住处；（4）保障老年人生命安全的其他保护措施。人身安全保护令的有效期不高于 6 个月，从命令发布之日起开始生效。人身安全保护令无效的，最高人民法院有权依照老年人的意见要求取消、改变和延续。但人民法院在发布人身安全保护令时，必须直接送达遭受家庭暴力的老年人、施暴人、公安机关和居 (村) 民代表委员会以及相关机构。人身安全保护令一般由人民法院实施，但公安部门和居 (村) 民委员会等有权协助执行。

5. 向法院提起诉讼。一旦家庭暴力情况非常恶劣，已然形成犯罪行为的，老年人应当毫不犹豫地通过法律途径来保障自身安全。对于侮辱和情节较轻的虐待行为，老年人应当直接向施暴事件的发生地和施暴人居住地的基层人民法院提起诉讼。而导致老年人身体伤害或致死的侵害和遗弃，应当直接由法定代理人、近亲属向公安机关举报，由公安机关立案侦查后，交由检察机关向人民法院提起公诉。另外，法律援助机关还应当依法为遭受家暴的老年人提供法律援助。而人民法院有权依法对遭受家暴的老年人缓收、减收或者免收诉讼费用。

二、老年人如何预防虐待

（一）预防家庭成员虐待老年人

1. 积极开展宣传教育。应在社区深入开展关于虐待老年人问题的宣传、教育和法规普及，从而增强老年人自身保护和维权意识。另外，政府还可以采取演讲、训练等方法面向专门人士，如医生、法官和社会工作者等开展训练，以提高其辨识和解决虐待老年人问题的能力，并激励知情人士报告。

2. 社会工作服务机构等民间组织可以定期举办一些讨论会、交流会，对有受虐待风险的老年人和老年人照顾者进行心理干预。一来能够带来多方面的资讯和帮助，二来能够降低老年人的社交孤立、满足老年人情感沟通的需要，减少虐待老年人问题的发生风险。

3. 开展喘息服务。"喘息服务"在国内外是一个新名词，是在欧美等部分发达国家已是相当普遍的社会服务形式，它是由政府部门或民间组织主导，组建专业的服务团队，开展临时照料老年人的社会服务项目，给照顾老年人的家庭一次喘息的机会。在中国，老年人喘息服务主要是采取向政府购买服务的方法，在面对贫困家庭时，由政府专门机构阶段性地替代长期照顾失能、失智老年人的服务方式，让那些长期照顾老年人的家庭成员短暂放个假，让他们不致到达情感懈怠和精神崩溃的心理临界点，以防止厌老、虐老的情况发生。

（二）预防养老院虐待老年人

随着中国人口老龄化进程的加速和经济社会的发展，进入养老机构成了更多家庭和老年人的首选。但近年全国多地敬老养老机构屡传虐老问题，如安徽宿州敬老院院长用鞋底殴打失明长者；山东青岛老年公寓护工打断老年人肋骨；浙江安吉养老院孤寡老年人的腿脚烂掉；河南郑州养老院还曾爆出逼人喝尿事件。

1. 严格把控用人标准

养老院的护理人员是最直接参与老年人生活的一线人员。一线人员的素质不达标，那养老院的基础设施再高端完善、管理的理念再先进优良，都是徒劳的。

尽管目前养老院仍存在着招聘难的问题，但不能因为招工难就随意用人，有人要应聘就让其就业上班。应该在确定用人之前采取查看其是否有职业资格证、对其进行心理测评以确认应聘人员的人格特征与态度等方式，以确认应聘者是否达到录用职位的基本条件。要坚持不合格坚决不予录用的原则，以保证一线人员素质合格、护理合格，使老年人及其家属安心，并防止虐待老年人等事故的出现。

2. 完善岗前培训

在选择人才前需要从多方面评估其专业素养，除此之外还需在工作人员上岗之前，先对其开展全面的技术培训。而职业培训最重要的目的就是提高护工人员的热情、责任感和进取心。要对养老服务行业有足够的热爱，并真诚地热爱养老服务行业，如此就可以大大减少虐待事故的发生率，使老年人享受到更为温暖体贴的关怀与陪伴。尽可能多地普及护理急救常识也是非常关键的，要使护理工作人员知道在老年人出现急症情况时该怎样在第一时间为老年人提供救治。不管在什么行业，消防安全教育都是至关重要的，护理工作人员也要了解安全通道的详细位置，怎么逃生，消防栓和灭火器如何使用，氧气面具怎么戴等。

3.政府资金、政策支持

养老院的护工岗位压力很大，一名护理工作人员要同时照顾二三十个老年人的情形并不少见，而很多人的待遇又远不及平均收入水平，这也造成了这一行业员工流动性特别大，不少人在岗位上坚持了没多久就选择离职，而护理工作人员的专业素养水平也往往无法达标，这是虐待事故时有发生的主要因素之一。政府部门要加强对养老产业的关注与扶持，包括在政策法规上、资金投入上使护理工作人员享受到职业保护，在关注老年人生存状况的同时，多关注护理工作人员的生活状况，并适当改善他们的收入水平，使他们能够毫无后顾之忧地照顾老年人。

（三）预防护工虐待老年人

1. 雇用护工前好好观察。在聘请护工的时候，不但要从正规渠道聘请，更需要明察暗访，以便了解护工的个性以及品德，如果有问题，坚持不聘用。

2. 规定试用期且认真考查。许多护工都不愿意接受试用期，认为自己伺候老年人一段时间之后，雇主就会想尽办法挑刺把自己开了，为的是节约一点薪水，那样自己就很吃亏。假如在聘请护工的时候护工有了这样的顾虑，那么可以直接告诉护工试用期的薪水一点也不少，且雇主会严格履行试用期内的规定。如此一来，既消除了护工的顾虑，还可以在试用期内比较全面地掌握护工的脾气和行为。而如果发现了问题，可以及时处理，那样也不至于出现老年人无辜被连累的状况。

3. 检查老年人的身体。假如老年人在没有护工以前身体还可以，但在护工进家中以后，突然莫名地出现了各种身体症状，不是这儿痛就是那里疼，或者是老年人突然发生昏睡的状况，又或者整个人一整天毫无精神，那就需要特别小心观察一下了。

4. 观察老年人与护工的交往细节。如果老年人有表达能力，平日里护工不在场的时候，可以和老年人交流一些问题，问问老年人：护工平日里在家都做了什么事？做饭的时间护工会为你做饭吗？护工会给你盛饭和喂饭吗？各种问题都要和老年人交流，不能只听信护工所说的，因为有时护工对你描述的，也不一定就是事实。

5. 雇主对护工的态度也要注意。许多雇主都认为，我花钱聘请你到我家当护工，你的身份就和以前的下人、丫鬟是一样的，我凭什么对你一定要有好态度呢？但你想一想，要是你对护工的态度很恶劣，或者讲话难听、面色难看、要求也很多，护工心中不是很愤怒吗？那么护工的情绪就极有可能会发泄在老年人那里。所以，一定要重视护工，因为她就是替你赡养老年人的那个人。

6. 只要有时间就与护工共同照料老年人。赡养老年人原本就是儿女们应该亲力亲为的事，但是为了挣钱养家，就不得不聘请护工到家中帮助照顾老年人，但不能认为照顾老年人是护工的义务。只要有时间，就一定要与护工共同照顾老年人，这样既可以通过全方面接触护工来了解护工，还可以使护工感到你对她很重视，同时可以尽尽孝心。

　　7. 在家中装监控。只要家中雇用了护工或是小时工，那就应当在家中装监控摄像机。如果家中有上了岁数的老年人，就必须装监控，并且定期观察老年人，特别是腿脚不太方便或者思维能力较差的老年人，这样，一来可以时时看到老年人的状况，二来家中如果有护工或是小时工，还可以防止护工或小时工辱骂老年人的状况发生。如果发现任何端倪，就要立即处理。如果看到护工对老年人态度很恶劣，或者老年人在见到护工时表现出惊慌或者惧怕、不安、焦虑等，就要仔细观察。如果看到护工有虐待老年人的举动，就要认真与护工交流，同时全程录制，并让护工明白，虐待老年人不但是岗位上的失职，而且还是要承担法律责任的。如果情形特别严重，可以通过报警解决。

第六章

自然灾害中老年人如何进行安全防范

一、洪涝灾害中老年人的安全防范

　　每到夏季，全国不少地方会下大雨，造成洪涝灾害，给民众的生命财产安全带来极大的危险。在暴雨或洪涝灾害来临时，老年人群体相对较为弱势，他们该如何做好安全防范呢？

（一）城区的户外安全防范

　　1.暴雨天不要出门。老年人在暴雨天应尽量待在家中，不要出门，避免遇到不可预测的危险。若确有急事要外出，一定不要在流水中穿行，15厘米深的流水也能使人摔倒。不要从地下通道经过或从天桥下穿行。

　　2.防止线缆漏电伤人。城市市区内的主要道路照明杆内均有电缆头，如果下大雨积水迅增，电缆头可能浸水，甚至出现漏电问题。在大雨中，老年人需注意不能走近、不能触及电线杆，应保持安全间距，以避免水淹线路，发生触电等危险情况。

3. 防范户外广告牌伤人。大型的露天广告牌和小型广告招牌，均有可能被狂风暴雨刮落，广告牌中的导线有可能接触水面或被暴雨浸湿，引发漏电。大雨中，老年人需注意避免在大的露天广告牌下避雨，远离在大雨中损坏的广告招牌。碰到掉落在自身周围的导线，绝对不可惊慌，更不可大跨步走开，正确方法是单脚小幅跳跃撤离，然后拨打相关部门的抢险电话，交由专业部门和专业技术人员解决。

4. 防范井盖缺失伤人。城市的街道上有不少井盖，但遇到大雨天，会因为给排水困难或被大水冲走，出现暴雨漩涡现象。下水井盖设置也有规律可循，较宽路面的下水井盖通常设置在马路旁，较狭窄路面的下水井盖通常设置在马路中间。大雨中，老年人必须小心脚下，在积水的地区必须避开井盖被冲走的下水井，防止滑倒，被积水漩涡卷入井中。

5. 防范车辆伤人。老年人在雨天步行出门时，一定要走地势高的道路，不与车辆争路，尽量避开机动车和非机动车。因为雨天道路湿滑，车辆刹车系统不灵活，更容易发生交通事故。安全起见，行走时最好远离车辆行驶的道路。

6. 在安全的场所避雨。若在室外遇到暴雨天气，就要寻找安全的地方停留，等待暴雨结束。这个安全的地点既要坚固，也要地势高。在寻找避雨位置时，应避免选择在建筑工地的临时性围栏、斜坡上的围栏等位置避雨。

（二）郊野的户外安全防范

有些老年人喜欢户外活动。在野外尤其是在山区进行徒步或者登山时，如果遇到突发暴雨或山洪，应注意以下几点来确保自身安全：

1. 在野外，暴雨山洪突发性很强，来势猛。若观察到河流水位涨势迅速，要尽快离开，不能麻痹大意。要避免沿着洪道方位逃离，要向两边方位迅速躲开，千万不能轻易涉水过河。如果必须要渡河，则应尽可能找到桥梁，然后在桥上经过。假如在必须渡河的情况下找不到渡河的桥梁，应尽量选择在水面宽阔的地区渡河，因为水面宽广的地方，一般都是水位最浅的地方，河水流速较低。在未涉水前，要考虑好着脚点，用竹竿或棍棒先行试探，若无危险，即可扶稳竹竿，逆水前行。

2. 若在山区，河水流速急、混浊且夹杂着淤泥，可能是山洪暴发的预兆。山洪来临时，若没有时间转移或者山洪迅速猛涨，在短时间内不会消退，老年人应立即爬到地势较高处暂避。如果携带手机且能够正常通讯，要尽快拨打110，讲清所在的位置和险情，积极寻求救援。同时，还要寻找可用来发送救援信息的东西，如哨子、色彩鲜亮的衣物、用来生火产生烟柱的材料等，等待时机，发送救援信息，争取获救。

3. 如山洪不断暴涨，暂避的地区不再安全，当救援人员还未到来时，老年人要抓紧时间，设法寻找一些身边的入水可浮的东西，如大的原木、树干、塑料桶等，寻找机会逃生。

（三）居家安全防范

1. 做好合理有效的预防措施。居住在危旧平房、土房、低洼庭院的老年人，应尽量在暴雨来临之前撤离。若有客观原因无法撤离或不愿撤离，在暴雨前可采取砌筑围墙、在门前堆放沙袋、配备小抽水泵等安全措施，以防房屋浸水倒塌。

2. 及时转移。当洪水来临时，如果房间地势较低，老年人可在家人陪同下，去地势较高的地点暂时躲避，等待救护人员转移。切不可心存侥幸，待在原地整理财物，耽搁避灾时间，从而导致不必要的伤亡。

3. 暴雨来临时，应关紧门窗防止屋内进水。若房屋进水，应立即关闭电源、煤气等装置，防止造成漏电、煤气泄漏的险情。

4. 淋雨后，要洗热水澡。老年人如果不小心淋雨，回家洗个热水澡，可减少细菌，同时预防感冒。

5. 备好药品。暴雨天气，中老年人的心肌梗塞、脑中风等疾病处于高发状态。这时一定不可大意，要把药随时放在身边。

6. 雨停后，要适当地开窗通风。暴雨天气，天空十分阴沉，气压也会下降。人体的血管、神经、内分泌系统等都会受到影响。患有心脑血管疾病的老年人在这时容易出现胸闷、头晕等不适症状。因此，等暴雨过后，要适当地开窗通风，保持空气的流通。

7.重视水灾过后的卫生防疫。水灾过后，若家里进水，应及时清理积水、秽物，开窗通风，做好房屋消毒工作，防止蚊蝇滋生，预防传染病。家具、生活用品都要清洁、消毒，对潮湿、发霉的物品要注意做好通风、晾晒。由于老年人抵抗力及免疫力较差，更易被传染疾病，这时需要加强防护，必要时进行隔离。

二、台风灾害中老年人的安全防范

出现在热带或亚热带大洋表面的低气压涡旋被称为台风。台风的出现往往伴随着狂风、暴雨和风暴潮，每年常在我国南方沿海地区发生。针对台风灾害天气，除政府部门和社区机构对老年人主动进行救助和保护之外，老年人自身需要采取哪些防灾减灾的措施，才能在台风灾害中自保自救呢？

第一，老年人要注意及时听取、观看相关新闻媒体发布的台风新闻，通过广播、电视节目等获取台风的最新消息。气象台针对台风造成的影响，会在天气预报时通过"消息""警报""紧急警报"三个表现形式，向社会群众发出信息，并且，会按台风的危害程度，由轻至重向社会发出蓝、黄、橙、红四色台风预警。而且老年人还要按照各个等级的警告信息，综合考虑可能会出现的灾情，包括：断电、停水、交通中断、通信中断、缺乏食物、缺药、没有外部医疗援助等。

第二，根据不同的预警等级，做好相应的预防工作。老年人因为手脚活动不便、行动迟缓，在台风灾害到来之前应避免出门，特别是在超强台风登陆之前的 6 小时，应待在安全的地方，储备好食品、矿泉水、药物。一旦出现了橙色和红色警报的风灾，还应该储备好手电筒、蜡烛、应急灯、应急药品等。在台风灾害到来之前，特别是超强台风到来之前，要对房屋内外的设备做好全面排查，以消除安全隐患，比如及时请人帮忙紧固窗户，并清除阳台上容易掉落的东西。居住在地势较低处的老年人，应及时请亲友、邻居把易损坏的木制家具、电子设备等物品及时挪至高处，断开户外电源，检查燃气、液化气等设施是否安全。必要情况下必须服从政府的安排，迅速转移。

第三，当台风出现时，请勿靠近户外的变电箱、电塔等，勿在大树底下或列车铁轨附近长时间逗留，总之，避免向危险地带靠近。由于台风往往伴随强降雨，将导致塌方、泥石流等次生灾害的产生，居住在农村、山岭地带的老年人要提高警惕，掌握避险知识及安全常识，遇到泥石流和滑坡时，切勿直接沿着泥石流流动的方向跑，应向两侧山坡高地转移，切忌停留在地势低洼处，若来不及转移，应低头紧抱粗壮树干。山体滑坡时要切记，切勿直接向滑坡体的下滑方向跑，应沿滑坡体向两侧逃生。若情况紧急，应尽快远离滑坡体，寻找可以躲藏的地沟，防止被滑坡体砸伤。

第四，在台风过后，要第一时间确认老年人的安全，与此同时要注意防范疫情。已转移、疏散的老年人，不要着急返回居所，应在确定危险区域的危险已经排除、确保安全的前提下，再考虑返回。发现落地电线，切勿走近，切勿自行处理，应做好标记，然后及时拨打电力热线，等待维修人员的到来。积水中可能存在细菌、病毒，因此在返家后应及时开窗通风，晾晒被水浸湿的家具，防止产生传染病。老年人本身抵抗力低下，更容易感染病菌，因此需要对老年人加强防护。由于赤手赤脚易被划伤、感染病菌，所以在清理房屋时应戴上防护手套、穿上胶鞋，千万不能赤脚清理房屋。泡过水后的餐具，应在煮沸消毒、充分清洁以后再使用。在房屋清理完毕后，应及时用除菌液、肥皂全面清洁手脚，并保持手脚干燥。老年人生性比较节俭，应劝导老年人避免食用被积水浸湿的食物或存放在冰箱里，因风灾停电而变质的食物。在饮用自来水前要充分煮沸。

三、雷电灾害中老年人的安全防范

雷电作为强对流天气的一种，具有持续时间短、破坏性强的特点。中国位于温带和亚热带区域，夏季强对流气候活动多发，是雷电的高发区域。雷电易造成经济损失及人身伤害，老年人一定要注意防范，可以通过采取科学有效的预防措施有效地降低雷击的风险。

（一）雷电天气的观察及预警

1. 老年人应密切关注雷电预警。雷电预警属于强对流天气预警，是一种短期的预警，一般通过短信、电视和互联网发布。目前气象台发布的预警主要是预报 4 小时之内雷电发生的可能性。对于老年人而言，要做到提前知晓、提前防范，需密切注意气象部门发布的预警，做好防范。

2.自行估算闪电的出现。除了可以收听、观看天气预报，还可以直接通过视觉、听觉，结合感觉经验来估算闪电是否会出现以及出现的大致时间。可以通过以下三种途径来判断：

第一，观察云朵的变化。在天上的密集乌云（积雨云）已开始聚集、变大、转黑，且云顶发展迅速之时，就有可能出现雷暴，此时老年人必须尽快到安全的地点躲一躲。

第二，留意杂音。一旦您在小型收音机中听见了刺耳的噪音，则说明您周围很可能有雷雨云。

第三，估算所在地点与雷电的距离。因为声音传播的速度与光传播的速度不同，所以确定雷电何时到来的最简便的办法就是，确定看到闪电和听见雷声的间隔时间，随后根据间隔时间估算出所在地点与雷电的大致的距离。如果时间间隔过长，代表距离远。反之，则代表距离近。

（二）室内防雷电的方法

1.遇到雷电天气时，老年人要关好门窗，不要把头或手伸出窗外。

2.断开家用电器的电源，防止雷电顺着电源线侵入，引起火灾，造成人员触电等危险情况。

3.老年人切勿接触或靠近室内的暖气管、煤气管等金属管道，同时也要避免接触潮湿的墙壁，远离避雷针的引线。

4.尽量避免在电灯下久待。尽量不要在雷雨天气使用电话、手机，防止雷电波侵入通讯信号线，产生危险。

5.尽量避免在雷雨天洗澡。若建筑物被雷击中，电流将通过建筑物的墙体、金属管道、金属管道中的水流等，使正在淋浴的人遭受电击。因此家里屋顶放置了太阳能或燃气热水器的人尽量不要在雷雨天淋浴，原因在于水能导电，存在雷击隐患。

（三）户外防雷电的方法

1.老年人不要在雷电天气来临时在户外参加体育和娱乐活动，如跑步、打球、跳广场舞等。因为水体易导电，所以切记不要在河边钓鱼，在水里游泳、划船。

2.遇到雷雨天气，应尽快躲藏在装有避雷装置的建筑物内。农村老年人若在外出耕种或放牧时遇到雷雨天气，要避免在树下或小草棚中躲雨，因为这两处易遭雷击。

3.当老年人在雷雨天外出时，为了能产生绝缘的效果，最好穿胶鞋。同时，也要记得远离金属广告牌、金属电线杆等雷电导体。

4.因为电磁波会引雷，所以在雷雨天气，尽量不要在室外接听或拨打电话。

5.在雷雨天气，应尽可能穿雨衣，避免使用金属骨架的伞。要注意不能在用电设施下或在高处使用雨伞。在雷雨天气，请将随身携带的金属物品和配饰暂时置于别处，待安全后再取回。

6.老年人如果在驾驶汽车时遇到雷电天气，可以躲进汽车内防雷，一旦汽车被雷击中，金属车身会将电流导入地下。同时也要小心收回汽车天线，并关闭发电机引擎以及收音机，关好车门车窗，切勿贸然下车。在打雷时，出行时应尽量避免骑乘摩托车、电动车和自行车。

7. 老年人如果在室外找不到适宜的避雷场所，应保持镇静、不要恐慌，切勿奔跑。可蹲下低头、双脚并拢、双手抱膝，请勿用手撑地，避免因雷击而产生的跨步电压对人体造成伤害。

8. 请勿在雷雨天气收取晾晒在户外铁丝上的衣物。

四、地震灾害中老年人的安全防范

相比其他自然灾害，地震灾害具有突发性强、危害大、影响深远、防范难度大等特征。迄今为止，人类还没有能力阻止它的发生和它带来的损害。地震如果发生，会产生大量的人员伤亡，老年人由于在生理和心理上处于弱势，在地震来临时更容易发生人身伤亡。所以，老年人需增强防护意识，具备地震来临时的逃生技能。

（一）地震发生时居家老年人的个人防护

1. 当老年人感觉地面或建筑物在晃动时，为防止被掉落的物体砸伤，首先要保护好头部，可就近蹲在桌子下或墙角处。也可在较狭小的空间躲避，如卫生间、贮藏室等，这些地点易形成相对稳固的三角空间。蹲下时，头部靠墙，并将鼻孔上方双眼之间凹部枕于横着的双臂上，同时闭上眼睛和嘴巴。如果当时的条件允许，可以使用毛巾、手帕等物品护住口、鼻，以此过滤粉尘和有害气体。老年人们行动不便，所以不用太着急，可慢慢走到能躲避的地方，腿脚不灵活的老年人可以坐在桌底下。

2. 受地震影响，门窗会变形而打不开，导致被困在屋中无法逃生，所以在地震期间，尽量不要关门。夜间地震发生时，老年人切勿因为找东西或穿衣服而耽误了时间，千万不要因惜财而去寻找家中的银行卡或存折，导致贻误逃生时机。如果条件允许，要马上拉断电闸，关掉煤气，并熄灭所有灯光，切勿用火柴、蜡烛等明火照明，应使用手电筒照明。

3. 逃出房屋后尽量在屋外空旷地带寻求避灾场所。避灾地点一般应选择在离住宅高度两倍以上的距离，这样更为安全。老年人们的急救袋应常带在身边，如果家里的老年人行动不方便，儿女们一定要帮家里的老年人准备好。急救袋内除了应备齐常用药物、饮用水、食物等，还应备有手电筒、蜡烛、半导体收音机和其他安全逃生工具，如毛毯等。老年人力气不够大，急救袋应尽量准备得轻便一点。

（二）地震发生时户外老年人的个人防护

1.地震时在户外的老年人，千万不能冒着危险进屋救人。只有确保地震过后已经安全，才能对他人进行救助。

2.避免走在离高楼过近的人行道上，防止掉落的碎片砸伤人。

3.若地震时在山坡上，千万不能随着滚石向下跑，应躲到斜坡上突出的小山包后面，并且一定要避开陡崖峭壁，防止山体滑坡及崩塌造成危险。

4.若地震时在海边，海水后退速度快，可能是地震引发的海啸，此时要抓紧时间往高处跑。

5.若地震时在电影院、体育馆等人员聚集处，切勿惊慌，停电时不要大声喊叫，尤其是不得跟随人群乱挤乱跑，因为老年人行动迟缓，容易因人群相互挤压导致伤亡。此时应就地蹲下或躲于排椅下，不要躲在悬挂物下，应寻找遮蔽物保护头部，等地震过后，服从工作人员安排，有组织地疏散。

6.若地震时正在商场、书店、展览馆等，应抓紧时间寻找坚固的柜台、墙角，避开玻璃门窗，抱头蹲下，等震感稍弱，有序撤离。

（三）地震发生后老年人的自救

地震发生后，造成的伤害主要来自坍塌的房屋。在救援人员未到来之前，要抓紧时间，采取措施自救。根据经验，地震后第一天能被救出的人，存活的概率能够达到八成，第二天内才被救出的人，存活率仅能达到三到四成。可见越晚获救，存活率就越低。老年人一旦被压在废墟下，要做到以下几点：

1.关键要稳住心态，精神不要崩溃，要坚定信心和意志。旺盛的求生欲望和积极向上的乐观精神，是不可或缺的精神力量。

2.被压埋后，注意用湿毛巾、衣物或其他织物等遮住口鼻，以防止吸入粉尘造成窒息，同时小幅度地活动手和脚，以减轻压在身体上的物体的压力，并利用周围可移动的物体来支撑压在身上的重物，尽力扩大活动空间，保证氧气充足。条件许可时，避开危险的地方，朝更舒适宽阔、有光亮的区域活动。

3. 被埋压后，一观察、二寻找、三慢爬。当无法爬出去时，应保存体力，等听到有人经过时再呼救，或者可以敲击声旁的金属管道，向外面传送求救消息。

4. 被压在废墟下无法脱困时，第一要务是减少体能消耗，寻找可食用的东西及饮用水，等待被救援。

第七章

老年人如何预防新型冠状病毒肺炎 [1]

---

1 编者注：本章中关于新型冠状病毒肺炎的定义、诊断原则及标准等，均参照《新型冠状病毒肺炎诊疗方案（试行第九版）》。

一、新型冠状病毒肺炎的定义和传播途径

根据《新型冠状病毒肺炎诊疗方案（试行第九版）》所做出的阐释，新型冠状病毒（SARS-CoV-2）属于β属的冠状病毒。其流行病学特点是：

1. 传染源

传染源主要是新型冠状病毒感染者，在潜伏期即有传染性，发病后5天内传染性较强。

2. 传播途径

其一，经呼吸道飞沫和密切接触传播是主要的传播途径。其二，在相对封闭的环境中经气溶胶传播。其三，接触被病毒污染的物品后也可造成感染。

3. 易感人群

人群普遍易感。感染后或接种新型冠状病毒疫苗后可获得一定的免疫力。

老年人身体比较弱，有慢性基础疾病的老年人，若得了新型冠状病毒肺炎，往往恢复情况较差，死亡率较高。相当一部分老年人有高血压、糖尿病等慢性基础疾病，所以老年人尤其要注意对新型冠状病毒肺炎的预防。

新型冠状病毒肺炎与流感、一般感冒相比，造成疾病的病原体不同。造成普通感冒的主要病原体是鼻病毒、副流感病毒。普通感冒的特点是鼻塞、流涕、打喷嚏等上呼吸道症状比较重，全身症状比较轻。因此普通感冒很少表现出明显的发热、乏力、头痛、食欲降低等症状。造成流感的真凶主要是流感病毒，与普通感冒不同，感染流感病毒会造成高热、喉咙痛、头疼等症状。新型冠状病毒肺炎与流感和普通感冒的症状非常相似，如何判断一个人是否患有新型冠状病毒肺炎？根据《新型冠状病毒肺炎诊疗方案（试行第九版）》，其诊断原则和标准有以下几点：

1. 诊断原则

根据流行病学史、临床表现、实验室检查等综合分析，做出诊断。新型冠状病毒核酸检测结果为阳性即为确诊的首要标准。未接种新型冠状病毒疫苗者，新型冠状病毒特异性抗体检测可作为诊断的参考依据。接种新型冠状病毒疫苗者和既往感染新型冠状病毒者，原则上抗体不作为诊断依据。

2. 诊断标准

一是疑似病例。有下述流行病学史中的任何 1 条，且符合临床表现中任意 2 条。

无明确流行病学史的，符合临床表现中的 3 条；或符合临床表现中任意 2 条，同时新型冠状病毒特异性 IgM 抗体阳性（近期接种过新型冠状病毒疫苗者不作为参考指标）。

（1）流行病学史的参考标准如下：

① 发病前 14 天内有病例报告社区的旅行史或居住史。

② 发病前 14 天内与新型冠状病毒感染者有接触史。

③ 发病前 14 天内曾接触过来自有病例报告社区的

发热或有呼吸道症状的患者。

④ 聚集性发病［14天内在小范围如家庭、办公室、学校班级等场所，出现2例及以上发热和（或）呼吸道症状的病例］。

（2）临床表现：

① 发热和（或）呼吸道症状等新型冠状病毒肺炎相关临床表现。

② 具有上述新型冠状病毒肺炎影像学特征。

③ 发病早期白细胞总数正常或降低，淋巴细胞计数正常或减少。

二是确诊病例。

疑似病例具备以下病原学或血清学证据之一者：

（1）新型冠状病毒核酸检测结果为阳性。

（2）未接种新型冠状病毒疫苗者新型冠状病毒特异性IgM抗体和IgG抗体均为阳性。

二、老年人如何预防新型冠状病毒肺炎

对疫情，老年人既不能不在乎，也不用过度恐惧。要相信科学，进行科学防治，做好自身防护。

（一）及时进行新型冠状病毒疫苗接种

根据《新型冠状病毒肺炎诊疗方案（试行第九版）》，接种新型冠状病毒疫苗可以减少新型冠状病毒肺炎感染和发病，是降低重症和死亡发生率的有效手段，符合接种条件者均应接种。符合加强免疫条件的接种对象，应及时进行加强免疫接种。

新型冠状病毒肺炎是一种新发传染病，现有研究成果显示，老年人抵抗力较弱，为新型冠状病毒肺炎的易感群体和高危易发群体。所以，老年人应结合自身身体情况进行疫苗接种。

（二）日常细节要做好

在疫情期间，老年人应从下列几个方面积极采取预防措施：

1.讲卫生。老年人应该讲究个人卫生，打喷嚏时用手帕或手掩住口鼻，勤洗手，吐痰时用纸巾包裹痰液，严禁随地吐痰，造成污染。

2.少聚集。聚集人群密度大，接触比较密切，咳嗽、打喷嚏、说话时形成的飞沫，都有机会引起病毒传播。为避免新型冠状病毒传染，老年人应该尽量不参加打牌、打麻将、下棋、跳广场舞等聚集性活动。

3.尽量少去公共场所。公共场所人员流动大，且人员复杂，空气流通性差。如果出现了病毒携带者，就很容易出现人员之间的相互传染，尤其是大型超市、影城、网吧、KTV、汽车站、飞机场、港口、博物馆等。老年人通常喜欢去的公共场所主要是超市、菜市场、棋牌室、老年人活动中心、老年大学等，这些地方要少去。

4. 多开窗通风。室内封闭，易导致细菌滋生繁衍，提高身体传染疾病的危险性。勤开窗通气，能有效降低室内空气中致病细菌和其他污染物的密度。而且太阳光中的紫外线也有杀菌作用。所以，居家老年人应每天常通风，在通风时也要注意保暖。

5. 勤消毒。应经常用消毒液擦拭经常被人触碰的区域，如门把手、电视遥控器、马桶圈等。如果不注重细节消毒，这些物体可能成为传染物的主要载体。因此老年人及其家属都应该定期用毛巾蘸取稀释后的消毒液进行擦拭清洁，也可使用消毒喷雾。

6. 勤洗手。手是传播细菌病毒的主要媒介，如用携带病菌的手指抠鼻孔就可能造成呼吸道疾病。所以，为降低疾病感染风险，老年人在出门回来后、饭前便后、打喷嚏时用双手捂口鼻后，均应认真清洗双手。请用流动清水和肥皂洗手。

7. 外出时要佩戴口罩。在出行时应正确佩戴一次性医用口罩。不能随处吐痰，应用纸巾将口鼻分泌物包裹好，随后扔在垃圾桶里。搭乘电梯时应做好防护。为与他人保持距离，请尽可能选择在人少的时间搭乘电梯，一方面不拥挤，另一方面可以降低传染的风险。搭乘电梯时应减少交流，尽可能不用手直接触碰电梯按钮。

8.培养健康生活方式。老年人应该合理饮食，不要暴饮暴食，肉和鸡蛋都要完全加热，彻底煮熟。不抽烟，少饮酒，不酗酒。劳逸结合，不熬夜，提高免疫力。

9.及时报备。老年人应尽可能减少与疑似感染新型冠状病毒肺炎的人的接触。当出现发热、干咳等呼吸道症状时，应及时向村（居）委会以及有关医疗卫生机构报备。

10.注意保暖。老年人群体多患有高血压、糖尿病等基础疾病。这些疾病造成老年人群体的抵抗力进一步降低，到冬季更易受凉、感冒。所以，老年人要在平时的生活中做好保暖。

（三）佩戴口罩有讲究

首先，要根据不同的场合选择佩戴对应种类的口罩，不需要过度追求高级别的口罩。例如坐公交车去买菜，此时佩戴一般的一次性医用口罩即可。当不得不去人员密集的场所时，可佩戴医用外科口罩。不建议老年人群体佩戴 N95、KN95 等医用防护口罩。这类口罩的密闭性太强，呼吸阻力大。老年人群体本身肺活量不大，长期佩戴这类口罩会造成缺氧，从而导致胸闷、气短。另外购买口罩时，要注意甄别口罩的质量，从正规的途径购买口罩。

其次，在选好口罩的基础上，要正确佩戴口罩。口罩有鼻夹的一侧在上，深色的一面在外。上下拉开褶皱，能完全包住口鼻和下颌。最后捏紧鼻夹，使之完全贴合面部即可。需要注意的是，一次性医用口罩是一次性物品，不可循环使用。

（四）正确洗手六步走

洗手是清除手部细菌、病毒的重要方式，因此要掌握正确的洗手方法。洗手的正确步骤如下：

1.用流动水将双手淋湿。

2.双手涂抹适量洗手液或肥皂。

3.认真搓洗双手。按照以下步骤，有序清洁手掌、手背及手指。双掌合并，相互搓洗。手心覆盖在手背上，相互搓揉。一手弯曲呈空拳，放另一手的手心，旋转搓揉。双手交换进行。一手握住另一只手的大拇指，旋转搓揉。一手五指指尖并拢，放在另一只手的手心，旋转搓揉。最后不要忘记清洗手腕。

4.用流动水将双手冲洗干净。

5.先捧起一些清水冲淋水龙头后，再关水龙头。

6.可以用干净毛巾或纸巾擦拭双手，也可以吹干双手。

（五）外出防护须仔细

1.在外出时，不要摘下口罩。切记全程佩戴口罩。有条件的话可以选择佩戴手套，并随身携带免洗洗手液或手部消毒凝胶。

2.外出建议徒步，有条件的话可以选择自驾，减少乘坐公共交通工具。

3.出行时若乘坐公共交通工具，要注意防护。搭乘公共汽车、城市轨道交通、火车、飞机时，应尽量错峰，避开人流高峰期。乘坐时要隔位、分散就座。乘坐过程中要全程配戴口罩。座椅、扶手、车门、扶杆、门把手等处很容易被病毒污染，当手接触上述区域后，切勿直接接触嘴、眼、鼻子，防止接触传染。

4.不随意触摸公共物品。在商场、超市的电梯、走廊等区域，不要随意触摸公共物品。楼层不高时，建议走楼梯。

5.减少人员接触。外出购买生活用品时，尽量减少与工作人员接触的机会，保持安全距离。外出时，尽可能不在人员密集的饭店饮水、就餐。

6.回家后消毒。从室外返回家中时，首先要脱掉外套和鞋子，并放在通风处。然后摘口罩，用肥皂清洁双手。然后再对手机、钥匙、手提包等随身携带物用家用消毒液喷洒消毒。

三、老年人在疫情期间如何健康饮食

新型冠状病毒肺炎流行期间，老年人群体尤其是患有慢性疾病的老年患者应该注意饮食健康。要保持良好的饮食习惯，应该在饮食方面做到以下几点：

第一，均衡饮食。疫情期间居家时间长，活动量减少，体内消耗的能量减少，要预防超重肥胖现象。可适当减少能量摄入，不可吃太饱。要适时监测自己的体重，防止吃多发胖，导致其他病症的出现。有慢性病的老年人要坚持按时定量吃药，坚持轻量运动，避免剧烈运动，每日尽量完成30分钟以上的有规律性的体育锻炼，如太极拳、八段锦等。如果身边有运动器材，也可以举杠铃、拉弹力带等。

第二，注重粗细食物的搭配。在主食方面，可适量吃些粳米、粗杂粮、杂豆类等。要根据自身身体状况，合理饮食，根据年龄、性别、身高、体重及活动强度对饮食进行个性化选择。

第三，加强蛋白质的吸收。充足的蛋白质可以起到延缓肌肉衰减、维持免疫系统正常运作的作用，所以老年人要多吃蛋白质含量比较高的食品。人体摄入蛋白质的途径主要有两个，其一是动物蛋白，其二是植物蛋白。有些老年人有牙齿脱落的困扰，很难咀嚼肉类食品，此时可选用易咀嚼的奶制品、豆制品。建议老年人每天摄入100克左右的水产品、300毫升左右的奶制品。

第四，注重饮食中蔬菜和水果的搭配。应当每日适量摄入蔬菜、水果。可以选择新鲜的绿叶菜、蘑菇、香菇、金针菇、海带、紫菜等食材，主要采用清淡的烹煮方式，要少油少盐，切勿多盐多油。

第五，老年慢性疾病患者在饮食上要多加注意。如老年人糖尿病患者，要严格按照医嘱科学服药，同时注意合理饮食，选择低糖食物，注意主食粗细搭配，多摄入蔬菜，适当摄入瘦肉。老年心血管疾病患者，要低盐低油、清淡饮食，这样食物的消化吸收更快，可以降低高血脂的风险。在动物性食物的选择上推荐鱼、虾类。

老年慢性肾脏病患者，应维持低蛋白饮食，但在疫情期间，不推荐极低蛋白饮食，这样会降低身体免疫力。

四、面对疫情，老年人怎样调整心态

　　面对疫情，在居家隔离不能外出期间，老年人或许会觉得焦虑、不安。出现这种情绪是正常的。老年人在家可以通过看电视、听音乐、阅读书籍等方式缓解精神上的压力。家人应陪伴老年人做一些轻松愉快、对体力要求不高的娱乐活动。老年人可以通过手机、电脑等与家人、朋友多沟通，经常和他人聊天会使情绪愉悦。良好的情绪状况不仅可以缓解焦虑，也可以提高老年人身体的抵抗力。规律的饮食习惯和运动、睡眠习惯也有利于保持好心情。切记不要吸烟、熬夜、酗酒、打麻将，这些虽然可以在一定程度上缓解心情，但不利于身体健康。老年人可以通过官方媒体发布的信息了解疫情的最新动态，不可轻信小道消息，传播谣言，造成恐慌。

图书在版编目(CIP)数据

好好保护自己/汪地彻著.—桂林:广西师范大学出版社,2022.10
(50岁开始的"你好人生")
ISBN 978-7-5598-5456-8

Ⅰ.①好… Ⅱ.①汪… Ⅲ.①安全教育-中老年读物 Ⅳ.①X956-49

中国版本图书馆 CIP 数据核字(2022)第 185675 号

好好保护自己
HAOHAO BAOHU ZIJI

出 品 人:刘广汉
组　　稿:马占顺
责任编辑:刘　玮
助理编辑:钟雨晴
装帧设计:弓天娇　李婷婷

广西师范大学出版社出版发行

(广西桂林市五里店路9号　　　邮政编码:541004)
(网址:http://www.bbtpress.com)

出版人:黄轩庄

全国新华书店经销

销售热线:021-65200318　021-31260822-898

山东韵杰文化科技有限公司印刷

(山东省淄博市桓台县桓台大道西首　邮政编码:256401)

开本:720 mm×1 000 mm　1/16
印张:11.75　　　　　　字数:86 千字
2022 年 10 月第 1 版　　2022 年 10 月第 1 次印刷
定价:39.00 元

如发现印装质量问题,影响阅读,请与出版社发行部门联系调换。